KB090469

세계인이 좋아하는 한식

한식 세계를 담다

저자 윤숙자 · 이순옥 · 최은희

ß (주)백산출판사

인사 말씀

　사)한국전통음식연구소는 1400년대부터 1900년대까지 600년간의 고조리서 속의 전통음식을 연구하고 재현해서 조리서를 만들어 교육하며 한국 전통음식을 국내·외에 널리 알리는 일을 하였습니다.

　또한 농림축산식품부, 문화체육관광부와 함께 한국 음식의 체계화를 위해 『아름다운 한국음식 100선』과 『아름다운 한국음식 300선』을 표준화하였고, 이 중 『아름다운 한국음식 100선』은 8개 국어로 번역하여 국내·외로 널리 배포한 바 있습니다.

　이번에는 이순옥 교수(한국관광대학교)와 최은희 교수(수원과학대학교) 두 분과 함께 세계인이 좋아하는 K-FOOD 『한식 세계를 담다』라는 제목으로 모던 한식 책을 출간하게 되었습니다.

　이 책에 담긴 음식은 2008~2009년 본 연구소와 문화체육관광부가 함께 조사한 각 나라별 현지에서 가장 선호하는 대표 한국 음식 자료, 농림축산식품부와 한식진흥원이 분석한 "2021 해외 한식 소비자 조사" 보고서 등 여러 자료를 참고하여 구성하였습니다. 다시 말해, 세계인이 좋아하는 한식 책을 내게 되었다는 데 의미가 있다고 하겠습니다.

특별히 이번 완성 작품은 시각적인 면을 고려하여 그릇 선정과 담기에 중점을 두었으며 간결하고 정갈한 분위기를 연출하였습니다.

부디 이 책이 해외진출을 준비하는 외식산업체 CEO 및 셰프, 한국을 찾아오는 관광객, 그리고 모던 한식을 좋아하는 모든 분들에게 지침서가 되기를 바라는 마음입니다.

좋은 책이 나올 수 있도록 수고해주신 백산출판사의 진욱상 사장님과 이 책의 기획부터 참여한 이영순 교수, 임정희 교수, 음식의 제작을 도와준 한국전통음식 기능보유자 박숙경 부원장, 박선희 연구원, 박종순 연구원, 사진의 코디를 도와준 이정옥 연구원, 최은영 연구원, 강경해 연구원을 비롯하여 여러 연구원들에게 감사의 마음을 전합니다.

2022. 04

저자 윤숙자, 이순옥, 최은희

목차　CONTENTS

한식 세계를 담다
————
이론편

· 한국음식 · 한국음식의 상차림
· 푸드코디네이트 · 한식 코스(course) 상차림

01 한국음식

1. 한국음식의 특징

한국은 사계절이 뚜렷하고 삼면이 바다로 둘러싸여 계절에 따라 생산되는 곡류, 두류, 채소류, 생선류 등이 다양하므로 이를 이용하여 주식과 부식 및 장, 김치, 젓갈류 등의 저장·발효음식이 발달하였다. 한국음식의 가장 큰 특징은 다음과 같다.

1) 밥, 죽, 면, 떡국, 수제비, 만두 등을 주식으로 하며, 주식에 따른 반찬을 부식으로 하여 영양소와 조리법이 균형 잡힌 음식을 한 끼 식사로 한다.
2) 곡류와 채소류를 이용한 음식이 발달하여 음식의 맛이 담백하고 찜, 생채, 숙채, 조림, 전, 끓이기 등 조리법이 다양하여 열량이 낮고 건강을 이롭게 하는 음식이다.
3) 갖은 양념을 적절히 사용하여 한국 고유의 음식 맛을 내고, 약이 되는 재료로 음식을 만들어 먹음으로써 약식동원의 사상이 깃들어 있다.
4) 오색의 천연 재료를 사용하여 고명을 만들고 음식을 아름답게 장식한다.
5) 상차림에 따른 음식의 위치와 차림법이 정해져 있으며 독상차림을 기본으로 한다.
6) 사계절이 뚜렷하여 제철 식재료를 이용한 저장·발효음식이 발달하였다.

2. 한국음식의 종류

1) 주식류

- 밥 : 곡류에 물을 붓고 불에 올려 충분히 호화시켜 만든 음식으로 한국음식의 주식이 된다.
- 죽 : 곡물의 낱알을 그대로 또는 가루로 하여 물을 많이 넣어 오랫동안 끓여서 만든 유동식의 음식을 일컫는다.
- 면·만두 : 면은 곡물가루를 반죽하여 긴 사리로 뽑아 만든 음식이고, 만두는 곡물가루를 반죽하여 얇게 밀어 소를 넣고 빚어 찌거나 장국에 삶은 음식이다.

2) 부식류

- 탕·국 : 재료의 좋은 맛이 국물에 우러나도록 조리한 것으로 반상차림에서 필수음식의 하나이다.
- 찌개 : 찌개는 국보다 국물이 적고 건더기와 국물을 반반 정도로 끓이는 것이다.
- 전골 : 전골은 불에 냄비를 놓고 끓이면서 먹는 국물음식이다.
- 찜·선 : 찜은 은근한 불에 푹 익혀 재료의 맛이 충분히 우러나도록 만든 음식이며, 선은 좋은 재료를 뜻하는 것으로 재료를 잠깐 끓이거나 찌는 음식이다.
- 초·조림 : 재료를 큼직하게 썰고 간을 세게 하여 약한 불에서 오래도록 익힌 것으로 밑반찬으로 이용된다.
- 구이 : 구이는 육류, 어패류, 채소류 등을 재료 그대로 또는 양념을 하여 불에 구운 음식이다.
- 볶음 : 육류, 채소 등을 양념하여 기름을 두른 팬에 단시간 볶아서 만드는 음식이다.
- 적·전·튀김 : 육류, 채소 등을 양념하여 꼬치에 꿰어 굽거나, 팬에 지진 음식을 적이라 하고, 재료에 밀가루·달걀 등의 옷을 입혀서 팬에 지진 음식을 전, 기름에 육류나 채소, 어패류를 튀기는 것을 튀김이라 한다.

- 회 : 육류, 어패류, 채소류를 날로 또는 익혀서 초간장, 초고추장, 겨자즙, 기름장 등에 찍어 먹는 음식이다.
- 편육·족편 : 편육은 고기를 삶아서 얇게 저민 것이고, 족편은 족을 장시간 고아서 젤라틴화 하여 응고시킨 것이다.
- 젓갈 : 어패류에 소금을 넣고 절이거나 양념하여 발효시킨 것을 말한다.
- 생채 : 날로 먹을 수 있는 싱싱한 채소들을 익히지 않고 초간장, 초고추장, 겨자장 등으로 무친 것이다.
- 숙채 : 나물을 살짝 데치거나 찌기, 볶기 등 영양소의 손실이 적게 조리하여 갖은 양념에 무친 것이다.
- 장아찌 : 불로 익혀서 만든 장아찌를 숙장과라 하며, 제철 채소 등을 간장, 고추장, 된장 등에 넣어 장기간 저장할 수 있도록 만든 음식이다.
- 마른찬 : 수분이 적은 식품을 무치거나 볶아서 오래 두고 먹을 수 있도록 만든 음식이다.
- 김치 : 채소를 소금에 절인 후 발효시켜 먹는 저장음식으로 찬품 중에 기본이 된다.

3) 후식류

- 떡 : 곡식을 통으로 찌거나 가루를 낸 다음 쪄서 익혀 낸 것이다. 만드는 방법에 따라 찌는 떡, 치는 떡, 지지는 떡, 삶는 떡으로 나눈다.
- 한과 : 한과류는 우리나라 전통과자를 말하는 것으로 만드는 법이나 쓰는 재료에 따라 유밀과류, 강정류, 산자류, 다식류, 정과류, 숙실과류, 과편류, 엿강정류, 엿 등으로 나뉜다.
- 음청류 : 한국의 전통음료는 차, 화채, 밀수, 식혜, 수정과, 탕, 장, 갈수, 숙수, 즙 등이 있다.

3. 한국음식의 재료

- 곡류 : 쌀, 보리, 밀, 조, 수수, 옥수수, 메밀 등
- 콩류 : 콩, 팥, 녹두, 완두, 강낭콩 등
- 어패류 : 민어, 청어, 조기, 갈치, 도미, 삼치, 고등어, 오징어, 모시조개, 굴, 대합, 낙지 등
- 육류 : 쇠고기, 돼지고기, 닭고기 등
- 채소류 : 마늘, 배추, 시금치, 파, 부추, 미나리, 무, 도라지, 오이, 고추, 호박, 고사리, 죽순, 콩나물, 두릅 등
- 버섯류 : 표고버섯, 송이버섯, 목이버섯, 새송이버섯, 석이버섯 등
- 과일류 : 감, 밤, 호두, 은행, 잣, 사과, 모과, 유자, 석류, 매실, 살구, 참외, 배 등

4. 한국음식의 양념과 고명

1) 양념

한국음식에서 양념(藥念)은 '약이 되도록 염두에 둔다'라는 뜻으로 음식의 향을 돋우거나 잡맛을 제거하여 음식의 맛과 풍미를 더욱 향상시키고, 음식의 저장기간을 연장시킨다. 또한 같은 양념이라도 넣는 순서나 시간에 따라서 음식의 맛이 달라진다.

- 짠맛 : 소금, 간장, 된장, 고추장
- 단맛 : 설탕, 꿀, 조청, 엿
- 신맛 : 식초, 감귤류의 즙
- 매운맛 : 고추, 겨자, 천초, 후추, 생강, 마늘
- 쓴맛 : 생강

2) 고명

고명은 음식을 아름답게 꾸며 음식이 돋보이게 하고 식욕을 돋우기 위하여 음식 위에 뿌리거나 얹는 것을 말한다. 달걀지단, 알쌈, 고기완자, 미나리초대, 표고버섯, 석이버섯, 실고추, 은행, 실백, 호두 등 다양하다.

5. 기본 썰기

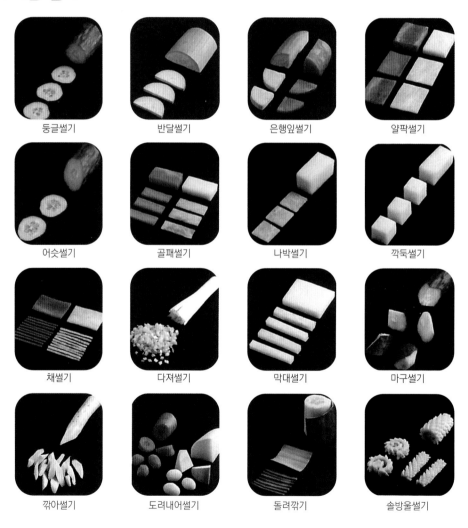

둥글썰기 반달썰기 은행잎썰기 얄팍썰기

어슷썰기 골패썰기 나박썰기 깍둑썰기

채썰기 다져썰기 막대썰기 마구썰기

깎아썰기 도려내어썰기 돌려깎기 솔방울썰기

6. 계량 기구와 단위

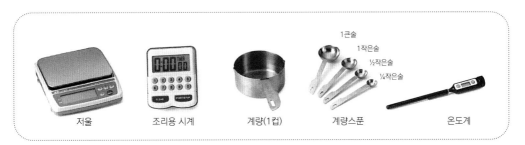

| 저울 | 조리용 시계 | 계량(1컵) | 계량스푼 | 온도계 |

1큰술
1작은술
½작은술
¼작은술

계량 단위 : 물 1컵 = 13큰술 + 1작은술 = 물 200㎖ = 물 200g, 1큰술 = 3작은술 = 물 15㎖ =물 15g, 1작은술 = 물 5㎖ = 물 5g

(단위 : g)

식품명	1작은술 (g)	1큰술 (g)	1컵 (g)	식품명	1작은술 (g)	1큰술 (g)	1컵 (g)
물	5	15	200	청주	5	15	200
굵은소금	4.5	13	160	굵은 고춧가루	2.2	7	93
고운 소금	4	12		고운 고춧가루	2.2	7	93
간장(진간장)	6	18	240	밀가루	2.3	7	95
청장(국간장)	6	18		통후추	3	10	
된장	5	17		후춧가루	2.5	8	
고추장	6	19		겨잣가루	2	6	
참기름	4	13		잣	3.5	10	120
들기름	5	15		잣가루	2	6	
통깨	2	7	93	녹말가루	2.5	8	
깨소금	2	6		다진 파	4.5	14	
식용유	4	13	170	다진 마늘	5.5	16	
설탕	4	12	160	생강즙	5.5	16	210
황설탕	4	12	150	다진 생강	4	12	
꿀	6	19	300	양파즙	5	15	200
물엿		19	288	새우젓	5	15	200
식초	5	15	200	멸치액젓	5	15	200

02 한국음식의 상차림

1. 공간 전개형

한국의 전통 상차림으로 모든 음식이 상 위에 한꺼번에 차려진다.

• 예시

계절	밥	국	반찬	김치	양념장	후식
봄	비빔밥	냉잇국	새우전 양파전 더덕생채 호박선	백김치	초간장 약고추장	호박떡 식혜
여름	흰밥	삼계탕	겨자채 오이갑장과 감자전 풋고추전	깍두기	겨자장 초간장	증편 오미자화채
가을	서미밥	김치찌개	버섯나물 생선구이 쇠갈비찜	배추김치	간장	송편 인삼차
겨울	조랭이떡국		해물파전 북어보푸라기 도토리묵무침	보쌈김치 동치미	간장 초간장	경단 수정과

• 공간 전개형 상차림 예시

2. 시간 전개형

프랑스·미국·중국 등 외국에서 볼 수 있는 상차림으로 음식의 주와 부에 따라 차례대로 제공한다.

• 예시

코스	3코스	5코스	7코스	9코스	12코스
1	겨자채	잣죽	호박죽	전복죽	녹두죽
2	흰밥 무맑은장국	생선전	탕평채	오이선	어채
3	경단, 식혜	불고기, 상추	표고전	월과채	구절판
4		완두콩밥 배추속댓국	대하찜	빈대떡	죽순채
5		다식, 인삼차	떡갈비	너비아니	북어전
6			흰밥 두부전골	화양적	도미찜
7			매작과 수정과	닭찜	송이산적
8				콩밥, 해물전골	전복찜
9				호박떡, 배숙	신선로
10					쇠갈비구이
11					흰밥 버섯전골
12					오미자화채 강정
기본 반찬	무생채, 갈비찜 호박전, 나박김치	잡채, 시금치나물 배추김치	오이생채, 오징어젓 보쌈김치	더덕생채 삼합장과 열무김치	배추김치 장김치 석류김치
양념장	초간장, 겨자장	초간장, 쌈장	초간장	초간장	초간장, 겨자장

• 시간 전개형 상차림 예시

1. 전채식(appetizer)

2. 메인(main) 1

3. 메인(main) 2

4. 디저트(dessert)

03 푸드코디네이트
(food coordinate)

1. 테이블 세팅(table setting) 이론

푸드코디네이터(food coordinator)는 음식과 관련된 전반적인 일을 하는 사람이다.

이들은 TV나 광고 등에 나오는 식품을 연출하거나 요리 전문잡지의 기획 및 편집, 메뉴개발, 요리교실이나 각종 음식전시회 등을 기획, 운영한다. 푸드코디네이터는 음식을 담을 때 미각을 돋우는 그릇과 색을 선정하는 것에서부터 상차림에 필요한 주변 소품까지도 세세하게 신경을 써야 한다.

따라서 음식은 물론 디자인·색채학·데커레이션 등에 대한 해박한 지식도 갖추어야 한다.

1) 작품 구성

(1) 콘셉트 – 주제를 설정하는 작업

• 무엇보다 가장 중요한 것은 음식을 강조하는 것이다.
• 요즘 푸드코디네이트의 흐름은 화려하지 않은 것이다.
• 콘셉트의 주제가 확실하게 나타나야 한다.
• 콘셉트에 맞는 배경의 천, 색상, 주변 배경을 정리한다.
• 칼럼별·주제별로 콘셉트가 확실하게 나타나야 한다.

(2) 소품 – 이미지를 만들어내는 작업

- 예전에는 소품을 많이 전시했으나 요즘은 음식을 강조하고 배경이나 소품을 절제해서 음식을 돋보이게 한다.
- 음식의 질감, 맛깔스러움, 식감을 살리는 데 중점을 둔다.
  예) 젤라틴, 물 스프레이, 기름칠 등을 해준다.
- 소품 중에 꽃을 사용할 때는 조화보다는 생화를 사용한다. 특히 초록의 잎이 들어가면 좋다.
- 자연의 색(꽃 등)은 여러 가지 색이 섞여도 현란하지 않다.
- 소재를 연상하고 느낄 수 있게 코디한다.
- 세 가지 이상의 색이 들어가면 현란하므로 피한다.
- 자연적인 색감을 많이 써서 조화로워 보이도록 한다.

(3) 배경 – 각도에 따라 음식이 달라 보이게 하는 작업

- 뒤편에 배경을 세워서 사용한다.
- 높이가 있는 음식은 옆에서 촬영한다.
- 평면음식(구절판)같이 음식 자체가 화려한 것은 위에서 촬영한다.

2) 작품 전시

(1) 콘셉트 – 계절, 상황, 시간, 느낌 이벤트 등에 적절한 콘셉트를 정한다.

- 시간이 지날수록 음식상태가 질이 떨어지는 것을 감안하여 준비한다.
  예) 여름에는 중간중간 음식물 변형에 유의하고 교체한다.
- 전체적인 전시장의 분위기 조화에 유의하여 연출한다.

- 전시회 음식은 과장된 표현을 한다.
- 보여지는 효과를 생각해서 작업한다.

  예) 전골 등은 속에는 무나 밀가루 반죽 등을 채워 높이를 주고 음식의 부패시간을
  지연시킨다.

(2) 소재 (식기류)

- 소품 식기류보다 음식이 더 강조되어야 한다.
- 소품과 식기류가 단아하면 초라해 보일 수 있고 화려하면 현란하기 쉽다.
  두 가지를 적절하게 사용하여 조화롭게 사용한다.

(3) 색감

- 계절에 맞는 색을 사용한다.
- 같은 핑크색 중에도 푸른 톤이 섞인 핑크색이라면 차가운 느낌이 들어 가을에 사용할
  수 있고 붉은 톤이 섞인 핑크색이라면 봄에 사용할 수 있다.

(4) 분위기

- 상황에 맞게, 스토리가 느껴지게 구성한다.
- 그릇이 너무 화려하면 음식이 눈에 띄지 않는다.
- 얇은 천에 구김을 주어 배경으로 깔아주면 좋다.
- 같은 색의 무늬 있는 천을 포인트로 사용한다.
- 스티로폼을 이용해 2단, 3단을 만든다. 4단 이상은 좋지 않다.
- 조명의 종류에 따라 음식이 달라 보이기 때문에 조명의 선택이 중요하다.
- 전시기간이 길어서 음식이 상하면 새로 바꾸어 놓는다.

2. 테이블 세팅(table setting)의 실제

1) 식기류의 종류

전통식기인 청자, 백자, 놋그릇, 분청사기, 은그릇, 질그릇, 목기류 등

청자

백자

놋그릇

분청사기

은그릇

질그릇

목기류

2) 접시의 형태

원형 접시, 사각형 접시, 삼각형 접시, 타원형 접시, 평행사변형 접시, 마름모형 접시 등

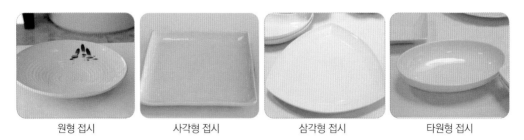

원형 접시

사각형 접시

삼각형 접시

타원형 접시

3) 식사 도구류(cutlery)

숟가락, 젓가락, 포크, 나이프

숟가락, 젓가락

포크, 나이프

4) 다기류, 찻잔류

다기류

찻잔류

5) 린넨류(linen)

한국문화를 표현하는 진하지 않은 파스텔톤 색채인 오방색이나 전통 수, 조각천을 사용

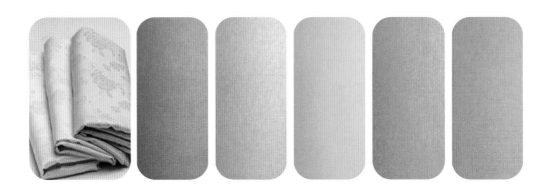

6) 장식 소품류(centerpiece)

전통무늬와 색채로 표현된 한국분위기 소품

3. 음식의 담기(담음새)

접시에 음식의 위치 선정, 재료와 색의 조화, 음식 배열, 디자인 구성 등

1) 높이감(volume)

2) 고급스러움(elegance)

3) 안정감(sense of stability)

안정감

4. 계절별 상차림

1) 봄

2) 여름

3) 가을

4) 겨울

5) 주안상

6) 다과상

5. 모던 한식의 상차림(table setting)

청색, 홍색, 황색, 흑색, 백색의 테이블 세팅

1) 청색(blue & green)

2) 홍색(red)

3) 황색(brown)

4) 흑색(black)

5) 백색(white)

04 한식 코스(course) 상차림

2009년 9월 12일 영국 런던 왕실가족을 위한 상차림

1. 전채식(appetizer) ①
- 타락호박죽(tarak hobakjuk)
- 나박김치(nabak-kimchi)
- 백김치(baek-kimchi)

2. 전채식(appetizer) ②
- 오이선(oiseon)
- 잡채(japchae)
- 김치마늘전-간장소스(kimchijeon)

3. 메인(main)
- 기본찬 : 삼색나물(표고, 호박, 무나물)(tricolor namul : shiitake, pumpkin, and radish)
- 호두장과(hodu-Janggwa), 배추김치(baechu kimchi)
- 김치수삼떡갈비(kimchisusam-tteokgalbi)
- 화양적(hwayangjeok), 해물신선로(haemul-sinseollo)
- 영양밥(yeongyang-bap)

4. 디저트(dessert)

- 물김치과일보숭이(moolkimchigwaeelbosoongee)
- 버선매작과(beoseon-maejakgwa)
- 색동개피떡(saekdong-gaepitteok)
- 꽃배숙(kkotbaesuk)

5. 메뉴판(menu)

1

NEW YORK

세계인이 좋아하는 한국음식

뉴욕인이 좋아하는 한식

비타민 A가 풍부한 찐 단호박과 우유, 찹쌀가루를 섞어 끓인 음식이다.

단호박죽

· **재료분량** 4인분 기준 · **적정 배식온도** 60~70℃

재료

단호박 700g
우유 2컵

———

찹쌀죽
찹쌀가루 ½컵
물 1컵

———

소금 1작은술
설탕 1큰술

만드는 방법

1 단호박을 깨끗이 씻어 2등분하여 속을 긁어내어 김오른 찜기에 넣고, 20분 정도 찐 다음 과육을 긁어 체에 내린다.

2 믹서에 단호박 과육과 우유를 넣고 곱게 간다.

3 찹쌀가루에 물을 넣고, 멍울이 생기지 않도록 저어 주면서 끓으면 중불에서 끓여 찹쌀죽을 쑨다.

4 찹쌀죽에 갈아놓은 단호박을 넣고, 저어 주면서 끓으면 중불에서 끓인다.

5 죽이 어우러지면 소금과 설탕으로 간을 맞추고, 약불에서 1분 정도 더 끓인 후 그릇에 담아낸다.

Chef's Tip

• 단호박은 생것을 저장하여 보관하면 향과 단맛이 감소하기 때문에 쪄서 냉동 보관한다.
• 새알심은 기호에 따라 만들어 넣을 수도 있다.
• 호박과 찹쌀가루의 비율은 기호에 따라 가감한다.

멥쌀에 콩나물과 돼지고기를 넣고 밥을 지어 마늘과 오이, 김치를 올린 음식이다.

김치마늘비빔밥

· **재료분량** 4인분 기준 · **적정 배식온도** 50~65℃

재료

멥쌀 250g(1½컵)
콩나물 100g
돼지고기(목살) 150g

돼지고기 양념장
간장 1작은술, 다진 파 1작은술
다진 마늘 ⅓작은술
생강즙 ⅓작은술
후춧가루 ⅛작은술
참기름 1작은술

배추김치 200g, 참기름 1작은술
오이 100g(½개), 소금 ¼작은술
마늘 30g(6쪽), 식용유 1큰술

비빔 양념장
부추(잘게 썬 것) 10g
홍고추(다진 것) 2g
간장 1큰술, 물 ½큰술
설탕 ⅓작은술, 참기름 ½큰술

만드는 방법

1 멥쌀은 깨끗이 씻어 물에 30분 정도 불려놓고 콩나물은 꼬리를 떼어내고 깨끗이 씻는다.

2 돼지고기는 가로 1㎝, 세로 2㎝, 두께 0.5㎝ 정도로 썰어 양념장을 넣고 양념하고 배추김치는 속을 털어내고 ½양은 길이 4㎝, 폭 1㎝ 정도로 썰어 참기름에 양념해주고 나머지 ⅛양은 잘게 다진다.

3 냄비에 양념한 돼지고기를 넣고 그 위에 불려놓은 쌀과 콩나물, 잘게 다진 김치를 넣은 후 물을 부어 센 불에 올려 끓으면 4분 정도 끓이다가 중불에서 3분 정도 더 끓인 후 약불로 낮추어 10분 정도 뜸을 들인다.

4 오이는 소금으로 비벼 깨끗이 씻고 길이 4㎝, 두께 0.2㎝ 정도로 돌려 깎아 채 썰고 소금을 넣고 살짝 절인 다음 물기를 제거하고, 마늘은 편으로 썬다.

5 팬을 달구어 식용유를 두르고, 오이와 마늘을 넣고 센 불에서 각각 30초 정도 볶는다.

6 밥을 주걱으로 고루 섞어 그릇에 담고 그 위에 양념한 김치와 볶아놓은 오이, 마늘을 올린 다음 비빔 양념장과 함께 낸다.

Chef's Tip

• 배추김치는 잘 익은 것으로 사용해야 비빔밥의 맛이 좋다.
• 김치는 수분이 많으므로 밥물을 약간 적게 넣어야 질지 않다.
• 기호에 따라 돼지고기 대신 소고기를 사용해도 좋다.

소갈빗살을 양념하여 굽고 밥 위에 어린잎 채소와 함께 올려 고추장 소스에 비벼먹는 음식이다.

갈빗살구이비빔밥

· **재료분량** 4인분 기준 · **적정 배식온도** 50∼65℃

재료

멥쌀 250g, 물 1½컵
소고기(갈빗살) 200g
설탕 ½큰술
후춧가루 ⅛작은술
소금 ½작은술

어린잎 채소
루콜라(Arugula) 20g
청경채 20g
고수(Coriander) 20g

고추장소스
고추장 2큰술, 매실청 1작은술
배즙 1큰술, 다진 잣 1작은술

만드는 방법

1 냄비에 불린 쌀과 물을 넣고 센 불에 올려 끓으면 4분 정도 끓이다가 중불에서 3분 정도 더 끓인 후 약불로 낮추어 10분 정도 뜸을 들인다.

2 소갈빗살은 핏물을 제거하고 길이 3cm, 두께 0.5cm 정도로 썰어 설탕과 후춧가루에 밑간을 해둔다.

3 어린잎 채소는 깨끗이 씻어 물기를 뺀다.

4 갈빗살에 소금을 넣고, 팬을 달구어 센 불에서 앞·뒤로 2분 정도 볶는다.

5 분량의 재료를 잘 섞어 고추장소스를 만든다.

6 밥을 그릇에 담아 갈빗살과 어린잎 채소를 올리고 고추장소스와 함께 낸다.

Chef's Tip

· 갈빗살은 센 불에서 살짝만 볶는다.
· 채소는 계절에 따라 나오는 것을 사용할 수 있다.
· 기호에 따라 간장소스로 비벼 먹을 수 있다.

밥 위에 지진 두부와 채소를 올리고 뜨거운 육수를 부어 만든 음식이다.

공릉장국밥

재료

쌀 250g, 물 1½컵

육수 6컵
소고기(양지) 200g, 물 8컵
향채 : 생강 3g, 파 5g

두부 200g(½모), 소금 1작은술

콩나물 50g, 시금치 50g
북어채 20g

콩나물, 시금치, 북어채 양념장
다진 파 1작은술, 마늘 ½작은술
참기름 ½작은술, 간장 ½작은술
소금 ¼작은술

육수 양념장
청장 ⅔큰술, 소금 ½큰술
후추 ⅛작은술

만드는 방법

1 냄비에 소고기와 물을 넣고 센 불에 10분 정도 올려 끓으면 향채를 넣고 5분 정도 더 끓이다가 약불로 낮추어 1시간 정도 끓인 후 고기는 건져 식히고, 육수는 면포에 거른다.

2 냄비에 불린 쌀과 물을 붓고 센 불에 올려 끓으면 4분 정도 끓이다가 중불에서 3분 정도 더 끓인 후 약불로 낮추어 약 10분 정도 뜸을 들인다.

3 두부는 두께 0.7㎝로 넓적하게 썰어 소금을 뿌리고 식혀놓은 소고기는 길이 3㎝, 폭 1㎝ 정도로 썬다.

4 팬을 달구어 기름을 두르고 두부를 넣고 중불에서 앞 · 뒤로 노릇하게 지져 길이 3㎝, 폭 1㎝ 정도로 썬다.

5 콩나물과 시금치는 손질하여 깨끗이 씻고, 북어채는 길이 3㎝ 정도로 자르고 잘게 찢은 다음 냄비에 물을 붓고 센 불에 올려 끓으면 콩나물과 시금치, 북어채를 넣고 데쳐 양념장으로 양념한다.

6 냄비에 육수를 붓고 센 불에 5분 정도 올려 끓으면 육수 양념장으로 간을 맞추고 2분 정도 더 끓인다.

7 그릇에 밥을 담고 고기와 두부, 나물, 북어채를 올린 후 뜨거운 육수를 부어낸다.

Chef's Tip

• 육수를 푹 끓여내야 맛이 더 구수하고 깊은 맛이 있다.
• 콩나물 대신 숙주나물을 사용해도 되며, 계절채소를 다양하게 쓸 수 있다.

소고기는 얇게 썰어 불고기 양념하고, 만두는 빚어서 뚝배기에 함께 넣고 끓인 음식이다.

만두불고기뚝배기

· **재료분량** 4인분 기준 · **적정 배식온도** 70~75°C

재료

소고기(등심) 400g
간장 2½큰술, 설탕 1큰술
다진 파 1½큰술
다진 마늘 1큰술
후춧가루 ¼작은술
배즙 3큰술, 참기름 1큰술

만두피 12장

─────

만두소
김치 25g, 두부 10g
다진 소고기 10g, 숙주 20g
소금 ¼작은술

─────

양념
다진 파 ½작은술
다진 마늘 ¼작은술
깨소금, 후춧가루 ⅛작은술
참기름 1작은술

브로콜리 40g, 미나리 20g
당면 10g

─────

채소국물
물 3컵, 양파 ¼개
파 ½대, 통마늘 2개

만드는 방법

1 소고기는 핏물을 제거하고 가로 5㎝, 세로 4㎝, 두께 0.3㎝ 정도로 썬 다음 소고기에 양념장을 넣고 간이 배도록 주물러 30분 정도 재운다.

2 브로콜리는 작은 송이로 잘라주고 홍고추는 길이 1.5㎝, 폭 0.5㎝ 정도로 어슷 썬다. 다진 소고기는 핏물을 제거하고, 숙주는 꼬리를 떼고 깨끗이 씻는다. 김치는 곱게 다지고 두부는 면포로 물기를 꼭 짜서 곱게 으깬다.

3 냄비에 물을 붓고 끓으면 소금을 넣고 숙주는 2분 정도 데치고 미나리는 1분 정도 데친 후 숙주는 물기를 짜고 폭 0.5㎝로 썬다.

4 김치와 소고기, 두부, 숙주의 섞어 만두소 양념을 넣고 양념하여 만두소를 만든다.

5 만두피에 만두소를 넣고 윗부분은 주름을 잡아 미나리로 묶는다.

6 뚝배기에 소고기와 만두, 당면을 넣고 미리 준비한 채소국물을 부어 센 불에서 4분 정도 끓이다가, 중불로 낮추어 브로콜리와 홍고추를 넣고 1분 정도 더 끓인다.

Chef's Tip

• 국물이 졸아들지 않도록 불 조절을 잘 해야 한다.
• 미나리 대신 실파로 묶어도 좋다.

메로에 고추장 양념장을 넣고 채소국물을 부어 매콤하게 조린 음식이다.

매운메로찜

재료

메로 300g, 소금 ¼작은술
다진 파 ½작은술
다진 마늘 ½작은술
콜리플라워 70g
그린빈(껍질콩) 60g(8개)
양파 ¼개
레몬 ½개
소금 ½작은술
참기름 ½작은술

채소국물
물 3컵, 양파 ¼개
파 ½대, 통마늘 2개

양념장
고추장 1½큰술, 토마토케첩 1큰술
칠리소스 2큰술
고춧가루 1큰술
청주 2큰술, 물엿 1큰술
채소국물 ½컵

만드는 방법

1 메로는 비늘을 긁고 깨끗이 씻어 길이로 4등분 후 소금, 다진 파, 다진 마늘에 30분 정도 재워둔다.

2 냄비에 채소국물 재료를 넣고 10분 정도 끓인 후 걸러 채소국물을 만든다.

3 콜리플라워와 그린빈은 깨끗이 씻어 콜리플라워는 꽃 모양을 살려 두께 0.5㎝로 썰고, 그린빈은 길이 3㎝ 정도로 썰고 양파는 채 썰어 물에 담갔다 건지고 레몬은 반달로 썬다.

4 냄비에 물을 붓고 끓으면 소금과 콜리플라워, 그린빈을 넣고 각각 데쳐서 참기름으로 간을 한다.

5 냄비에 채소국물을 양념장과 넣고 센 불에 올려 끓으면 중불로 낮추어 8분 정도 끓이다가, 약불로 낮추어 메로를 넣고 앞뒷면을 각각 5분씩 양념장을 끼얹으며 윤기 나게 조린다.

6 그릇에 담고 콜리플라워와 그린빈, 양파, 레몬을 곁들여 낸다.

Chef's Tip

• 너무 뒤적거리면 메로 살이 부서지므로 양념장을 끼얹어 주면서 조린다.
• 채소를 데칠 때 넉넉한 물을 넣고 데쳐야 온도의 변화를 막을 수 있다.
• 곁들이는 채소는 제철 채소를 사용할 수 있다.

감자와 여러 가지 채소를 채 썰어 함께 볶아낸 음식이다.

감자우엉잡채

• **재료분량** 4인분 기준 • **적정 배식온도** 15~25℃

재료

감자 1개

소금물
물 1컵, 소금 1작은술

우엉 200g

식초물
물 1컵, 식초 1큰술

청색 파프리카 40g
붉은색 파프리카 40g
노란색 파프리카 40g

양념
소금 ½작은술
설탕 ½작은술
참기름 1작은술

식용유 3큰술

만드는 방법

1 감자는 씻어 껍질을 벗기고 길이 5㎝, 폭 0.2㎝, 두께 0.2㎝ 정도로 채 썰어 소금물에 10분 정도 담갔다가 물기를 뺀다.

2 우엉은 깨끗이 씻어 껍질을 벗기고 길이 5㎝, 폭 0.2㎝, 두께 0.2㎝ 정도로 채 썰어 식초물에 담갔다가 건져 끓는 물에 넣고 2분 정도 데쳐서 물기를 뺀다.

3 청색과 붉은색, 노란색 파프리카는 속을 떼어내고 포를 떠서 길이 5㎝ 정도로 채 썬다.

4 팬을 달구어 식용유를 두른 후 감자와 우엉을 각각 중불에서 3분 정도 볶아낸다.

5 팬을 달구어 식용유를 두르고 채 썬 파프리카를 넣고 센 불에서 30초 정도 볶아낸다.

6 준비한 재료에 양념을 넣고 고루 버무려 그릇에 담는다.

Chef's Tip

• 파프리카의 색이 변하지 않도록 센 불에서 빨리 볶아 식힌다.
• 감자는 소금물에 담가야 갈변을 막고 볶을 때 부서지지 않는다.
• 우엉은 식초물에 담가야 갈변을 막는다.

소고기를 얇게 썰어 양념하여 굽고 떡볶이는 매콤하게 만들어 양상추와 소스를 곁들인 음식이다.

불고기떡볶이세트

· **재료분량** 4인분 기준 · **적정 배식온도** 70~75℃

재료

소고기(등심) 200g

소고기 양념장
간장 1큰술, 설탕 ½큰술
다진 파 1작은술, 다진 마늘 1작은술
후춧가루 ⅛작은술
참기름 1작은술, 배즙 1큰술

식용유 1큰술, 양파 40g
떡볶이떡 100g

떡볶이 양념장
고추장 1작은술, 간장 1작은술
양파즙 1큰술, 배즙 1큰술
설탕 ½작은술, 물 ½컵

양상추 40g

소스
파인애플(통조림) 130g(2쪽)
레몬즙 3큰술, 설탕 1큰술
소금 ½작은술

만드는 방법

1 소고기는 핏물을 제거하고 기름과 힘줄을 떼어 낸 후, 결의 반대 방향으로 가로 5㎝, 세로 4㎝, 두께 0.3㎝ 정도로 썰고 양파는 손질하여 깨끗이 씻은 후 폭 0.5㎝로 채 썬다.

2 소고기에 양념장을 넣고, 간이 배도록 주물러 30분 정도 재워 놓는다.

3 떡볶이떡은 끓는 물에 살짝 데쳐 낸다.

4 팬을 달구어 식용유를 두르고 소고기를 넣고 센 불에서 볶은 다음 채 썬 양파를 넣고 1분 정도 더 볶는다.

5 팬에 떡볶이 양념장을 넣고 센 불에 올려 끓으면, 떡을 넣고 중불로 낮추어 3분 정도 볶는다.

6 양상추는 깨끗이 씻어 한입 크기로 찢어 물기를 뺀다. 소스 재료는 믹서에 간다.

7 접시에 불고기와 떡볶이, 양상추를 예쁘게 담고 소스와 함께 낸다.

Chef's Tip

• 소고기는 결 반대방향으로 썰어야 질기지 않고 부드럽다.
• 떡볶이떡이 굳지 않고 말랑하면 물에 데치지 않는다.

식빵에 양념을 한 소불고기를 넣어 만든 음식이다.

불고기샌드위치

재료

소고기(등심) 300g
양파 ½개(70g)

─────

소고기 양념장
간장 2큰술, 설탕 1큰술
배즙 50g, 꿀 ½큰술
다진 파 1큰술
다진 마늘 ½큰술
깨소금 ½큰술
후춧가루 ¼작은술
참기름 1큰술

식용유 1큰술

식빵 8장, 버터 10g

만드는 방법

1 소고기는 핏물을 제거하고, 기름기와 힘줄을 떼어낸 후, 결의 반대 방향으로 가로 5cm, 세로 4cm, 두께 0.3cm 정도로 썬다.

2 양파는 손질하여 깨끗이 씻은 후, 폭 0.5cm 정도로 채 썬다.

3 소고기에 양념장을 넣고, 간이 배도록 주무른 다음, 양파를 넣고 30분 정도 재워 놓는다.

4 팬을 달구어 식용유를 두르고 양념한 소고기를 넣고, 센 불에서 3분 정도 굽다가 뒤집어 중불로 낮추고 5분 정도 더 굽는다.

5 식빵을 밀대로 밀고 불고기를 넣어 식빵을 덮고 둥근 몰드로 찍어낸 다음, 가장자리 둘레는 포크로 눌러 붙인다.

6 팬을 달구어 버터를 두르고 식빵을 넣고 중불에서 앞·뒷면을 노릇하게 구워낸다.

Chef's Tip

• 빵이 부드럽지 않으면 김 오른 찜기에 1분 정도 찐 다음 조리한다.
• 몰드로 찍어낸 후 둘레를 포크로 꼭꼭 눌러야 빵이 벌어지지 않고 잘 붙는다.

소갈빗살을 곱게 다져서 양념하고 아스파라거스에 둥글게 감아 붙여서 구운 음식이다.

아스파라거스떡갈비

• **재료분량** 4인분 기준 • **적정 배식온도** 70~75℃

재료

소고기(갈빗살) 200g
돼지고기 삼겹살 100g
레드와인 1큰술

양념장

간장 1½큰술, 소금 ½작은술
설탕 1큰술, 다진 파 2작은술
다진 마늘 1작은술
배즙 3큰술, 후춧가루 ⅛큰술
참기름 1작은술

아스파라거스 8개, 소금 ⅛작은술
배추김치 70g, 참기름 1작은술

채소국물

물 3컵, 양파 ¼개, 대파 ½대
통마늘 2개

밀가루 2큰술

식용유 2큰술

소스

채소국물 ½컵
간장 ½큰술
꿀 1작은술, 설탕 ½큰술

녹말물

녹말 1큰술, 물 1큰술

만드는 방법

1 갈빗살은 핏물을 제거하여 곱게 다지고, 돼지고기는 레드와인에 10분 정도 재운 후 핏물을 제거하고 곱게 다진다.

2 다진 소고기와 돼지고기를 한데 섞고 양념장을 넣어 간이 배도록 치댄다.

3 냄비에 채소국물 재료를 넣고 10분 정도 끓인 후 걸러 채소국물을 만든다.

4 냄비에 물을 붓고 물이 끓으면 소금과 아스파라거스를 넣고 20초 정도 데친 후 찬물에 헹구고, 배추김치는 길이 10㎝, 폭 0.8㎝ 정도로 썰어 참기름으로 양념한다.

5 아스파라거스에 밀가루를 묻히고 김치를 말아서 그 위에 양념한 떡갈빗살을 길이 4㎝, 두께 1㎝ 정도로 둥글게 붙인다.

6 팬을 달구어 식용유를 두르고 떡갈비를 넣고 중불에서 앞·뒷면을 고르게 굴려가며 10분 정도 굽는다.

7 냄비에 채소국물을 붓고 분량의 소스 재료를 넣고 올려 끓으면 녹말물을 넣고 중불에서 3분 정도 윤기 나게 끓인다.

8 그릇에 잘 구워진 떡갈비를 담고 소스를 뿌려 낸다.

Chef's Tip

• 떡갈비를 구울 때 오븐을 이용하기도 한다.
• 떡갈비를 오래 치대야 표면이 곱고 갈라지지 않는다.

소고기와 돼지고기 살을 다져 양념하고 새송이버섯을 붙여 구운 음식이다.

버섯스테이크

· **재료분량** 4인분 기준 · **적정 배식온도** 70~75℃

재료

새송이버섯 140g(4개)
소금 ⅛작은술, 참기름 ½작은술

소고기(등심) 200g
돼지고기(삼겹살) 100g

고기 양념장
간장 1큰술, 소금 ⅓작은술
설탕 1큰술, 다진 파 2작은술
다진 마늘 1작은술, 후춧가루 ⅛작은술
참기름 1작은술, 깨소금 1작은술

밀가루 ½컵

채소국물
물 3컵, 양파 ¼개, 대파 ⅓대
통마늘 2개

소스
채소국물 ½컵, 간장 ½큰술
꿀 1작은술, 설탕 ½큰술

녹말물
녹말 1큰술, 물 1큰술

식용유 1큰술

만드는 방법

1 새송이버섯은 물에 가볍게 씻어 물기를 뺀 후, 길이 5㎝ 정도로 자르고, 길이로 2등분하여 버섯기둥을 0.5㎝ 간격으로 칼집을 넣은 다음 끓는 물에 살짝 데쳐서 물기를 빼고 소금과 참기름으로 양념한다.

2 소고기와 돼지고기는 핏물을 제거하고, 곱게 다진 다음 고기 양념장을 넣고 주물러 놓는다.

3 양념한 고기반대기를 두께 0.5㎝ 정도로 새송이버섯 크기보다 조금 크게 만들어 밀가루를 묻혀 버섯에 붙인다.

4 냄비에 채소국물 재료를 넣고 10분 정도 끓인 후 걸러 채소국물을 만든다.

5 팬을 달구어 식용유를 두르고 고기가 있는 쪽을 밑으로 놓고 중불로 3분 버섯 있는 쪽으로 뒤집어서 약불로 1분 정도 지진다.

6 냄비에 채소국물을 붓고 소스 양념을 넣어 센 불에 올려 끓으면, 녹말물을 넣고 중불에서 3분 정도 윤기 나게 끓여 소스를 만들어 버섯스테이크와 함께 낸다.

Chef's Tip

· 기호에 따라 소고기와 돼지고기의 양을 조절할 수 있다.
· 다진 고기를 충분히 치대서 공기를 빼 주어야 끈기가 있고 부서지지 않는다.
· 고기 반대기는 새송이버섯 크기보다 조금 크게 만들어야 익힌 후 새송이버섯 크기와 같아진다.

고기와 두부를 곱게 다져 모양내어 지진 다음 샐러드 채소와 함께 담고 소스를 곁들인 음식이다.

완자샐러드

재료

돼지고기(삼겹살) 100g
소고기(등심) 60g
두부 50g

양념장
간장 ¼작은술, 소금 ½작은술
참기름 ¼작은술, 설탕 ⅓큰술
깨소금 1큰술, 다진 파 ½작은술
다진 마늘 ½작은술
후춧가루 ⅛작은술
맛술 2작은술, 생강즙 ½작은술

밀가루 ¼컵, 달걀 1개
식용유 2큰술

샐러드 채소
양상추 20g, 로메인 10g
비타민 10g, 자색양파 12g

소스
간장 1큰술, 레몬즙 4큰술
설탕 1큰술, 땅콩버터 1작은술

만드는 방법

1 소고기와 돼지고기는 핏물을 제거하여 곱게 다지고, 두부는 으깨어 물기를 뺀다.

2 소고기와 돼지고기, 두부를 합하여 양념장을 넣고 주물러서 가로 1cm, 세로 3cm, 두께 1cm 정도의 직사각형 모양으로 완자를 만든 다음 밀가루를 입히고 풀어놓은 달걀물을 씌운다.

3 팬을 달구어 식용유를 두르고 완자를 넣고 중불에서 굴려가며 5분 정도 속까지 잘 익도록 지진다.

4 샐러드 채소는 깨끗이 씻은 후 체에 밭쳐 물기를 빼고 양상추는 한입 크기로 찢고 자색양파는 두께 0.5cm 정도의 링 모양으로 썬다.

5 완자와 샐러드 채소를 고루 섞어서 그릇에 담고 만들어 놓은 소스와 함께 낸다.

Chef's Tip

• 두부와 고기반죽은 오래 치대야 갈라지지 않는다.
• 밀가루를 입힐 때 너무 두껍게 묻지 않도록 잘 털어내고 달걀물을 씌운다.
• 팬을 달구어 사용하여야 달걀이 바로 응고되어 모양이 매끈하다.

닭가슴살을 허브소금으로 간하여 키위와 채소를 함께 넣고 만든 샐러드이다.

닭가슴살키위샐러드

• **재료분량** 4인분 기준 · **적정 배식온도** 15~25℃

재료

닭가슴살 200g
허브소금 1작은술
식용유 1큰술

샐러드 채소
양상추 40g
루콜라 20g
라디치오 20g

키위 2개

소스
올리브유 2큰술
사과주스 1½큰술
현미식초 2큰술
레몬즙 ½큰술
다진 양파 ½작은술
다진 파슬리 ⅓작은술
설탕 1큰술
소금 ½작은술

만드는 방법

1 닭가슴살을 두께 1㎝ 정도로 저며 썰어 앞·뒷면에 허브소금을 뿌려 30분간 재운다.

2 팬을 달구어 기름을 두르고 닭가슴살을 넣고 중불에서 3분, 뒤집어 약불에서 7분 정도 굽는다.

3 키위는 껍질을 벗겨 내고 길이로 등분하여 두께 0.5㎝로 썬다.

4 채소는 손질하여 깨끗이 씻어 물기를 빼고 가로·세로 2㎝ 정도로 찢는다.

5 분량의 재료를 섞어 소스를 만든다.

6 그릇에 닭가슴 구이와 키위, 채소를 담고 소스를 뿌려낸다.

Chef's Tip

• 닭가슴살이 타지 않도록 불 조절을 잘 해준다.
• 소스를 사용할 때 충분히 섞어야 올리브유가 분리되지 않는다.

튀긴 수삼과 여러 가지 채소를 함께 담고 소스를 곁들인 음식이다.

수삼튀김채소샐러드

· **재료분량** 4인분 기준 · **적정 배식온도** 15~25℃

재료

수삼(中) 100g(3개)
밀가루 2큰술

────

튀김옷
밀가루 1컵, 물 ⅔컵
소금 ¼작은술, 달걀흰자 1개

튀김기름 : 식용유 3컵

양상추 20g, 양파 ¼개
붉은색 파프리카 ½개
노란색 파프리카 ½개

────

소스
올리브유 2큰술
레몬즙 1큰술, 발효겨자 1큰술
꿀 1큰술, 소금 ½작은술
식초 ½작은술

만드는 방법

1 수삼은 깨끗이 씻어 뇌두를 잘라내고 길이 3㎝ 정도로 어슷하게 썰고 양상추는 깨끗이 씻어 한입 크기로 찢어 물기를 뺀다.

2 양파는 손질하여 깨끗이 씻어 길이 3㎝, 폭 0.3㎝ 정도로 채 썰고 파프리카는 씨와 속을 떼어 내고 길이 3㎝, 폭 0.3㎝ 정도로 채 썬다.

3 밀가루에 물과 소금, 달걀흰자를 넣고 고루 섞어 튀김옷을 만든다.

4 수삼에 밀가루를 묻히고 튀김옷을 입힌다.

5 팬에 식용유를 붓고 160℃의 온도에 튀김옷을 입힌 수삼을 넣고 2분 정도 튀긴 다음 건져서 한 번 더 튀겨낸다.

6 그릇에 수삼튀김과 채소를 담고 소스를 만들어 함께 낸다.

Chef's Tip

• 튀김옷의 물은 찬물이 좋고 너무 많이 저으면 글루텐이 생겨 바삭하지 않다.
• 수삼튀김은 두 번 튀겨야 바삭하면서도 부드럽다.

단호박 과육에 설탕과 청포녹말을 넣고 묵처럼 졸여서 만든 한과이다.

호박과편

재료

단호박 300g(¼통)

가루 한천 10g, 물 2컵

설탕 1컵
소금 ¼작은술

녹말물
녹말 2큰술, 물 2큰술

만드는 방법

1 호박은 깨끗이 손질하여 길이로 ¼로 잘라 씨와 속을 긁어낸 다음 찜기에 올려 김이 오르면 15분 정도 찐 다음 과육을 긁어 체에 내린다.

2 가루 한천은 물에 10분 정도 불린 다음 중불에서 10분 정도 녹을 때까지 끓인다.

3 한천이 다 녹으면 호박과 설탕, 소금을 넣고 중불에서 계속 저어주며 5분 정도 끓이다가 약불로 낮추어 5분 정도 더 졸인다.

4 걸쭉해지면 녹말물을 넣어 잘 저어가며 약불에서 5분 정도 졸인 후, 1분 정도 뜸을 들인다.

5 모양틀에 물을 바르고 부어 시원한 곳에서 2~3시간 동안 굳힌다.

Chef's Tip

· 단호박은 묵이나 젤리상태가 될 때까지 잘 졸여 주어야 탄력성이 좋다.
· 과편을 굳힐 그릇에 물을 묻혀야 굳은 다음 과편이 잘 떨어진다.
· 빨리 굳히려면 냉장고에 넣어 준다.

삶은 밤과 코코넛 밀크를 함께 넣고 갈아 얼려 만든 셔벗이다.

밤셔벗

• **재료분량** 4인분 기준 • **적정 배식온도** −17~12℃

재료

밤 8개(120g)
코코넛밀크 6큰술
설탕 3큰술
브랜디 1큰술
소금 ⅛작은술

체리 1개

만드는 방법

1 밤은 껍질을 벗겨 놓는다.

2 찜기에 물을 붓고 센 불에 올려 김이 오르면 깐 밤을 넣고 15분 정도 찐다.

3 믹서에 찐 밤과 코코넛밀크, 설탕, 브랜디, 소금을 넣고 곱게 간다.

4 스테인리스 볼에 담아 냉동실에서 8시간 정도 얼린다.

5 스쿱(scoop)으로 떠서 그릇에 담고, 체리를 얹어 낸다.

Chef's Tip

• 밤을 삶아서 사용하기도 한다.
• 얼음틀에 얼려 하나씩 빼서 그릇에 담아도 예쁘다.
• 코코넛밀크 대신에 생크림을 사용하기도 한다.

토마토를 썰어 소금에 절이고 배와 쪽파를 넣고 김칫국물을 부어 담은 물김치이다.

토마토물김치

· **재료분량** 4인분 기준 · **적정 배식온도** 4~10℃

재료

토마토(작고 단단한 것) 150g
소금 1¼작은술
배 120g
쪽파 10g

김칫국물
물 1¼컵, 고춧가루 ½큰술
설탕 ½작은술, 소금 ¼큰술
마늘즙 1작은술

찹쌀풀
물 ½컵, 찹쌀가루 1큰술

만드는 방법

1 토마토는 깨끗이 씻어 꼭지를 떼어내고 길이로 4등분하여 세모 모양으로 잘라 소금에 절인다.

2 쪽파는 손질하여 깨끗이 씻은 후 길이 2㎝ 정도로 썰고 배는 껍질을 벗기고 가로 · 세로 1㎝, 두께 0.3㎝ 크기로 썬다.

3 냄비에 물과 찹쌀가루를 넣고 풀어서, 중불에서 5분 정도 저으면서 끓인 다음 식혀 찹쌀풀을 만든다.

4 고춧가루를 물에 30분 정도 불린 후 면포에 걸러 맑은 고춧물에 소금과 설탕, 마늘즙, 찹쌀풀을 넣고 김칫국물을 만든다.

5 절인 토마토에 배와 쪽파를 넣고 버무려 그릇에 담고 김칫국물을 붓는다.

6 실온에서 6시간 정도 숙성 발효시킨 후 냉장고에 넣고 차게 해서 먹는다.

Chef's Tip

• 토마토가 너무 익으면 씹히는 맛이 없고 물컹하므로 약간 덜 익은 토마토가 적당하다.
• 방울토마토를 사용해도 좋다.
• 찹쌀 대신 밀가루풀이나 감자풀을 사용할 수 있다.

2

LA

세계인이 좋아하는 한국음식

LA인이 좋아하는 한식

고구마를 푹 삶아 찹쌀가루와 함께 넣고 끓인 달콤하고 고소한 죽이다.

고구마죽

· **재료분량** 4인분 기준 · **적정 배식온도** 60~65℃

재료

고구마 2개(700g)
우유 3컵

찹쌀가루 ½컵
물 1컵
소금 1작은술
설탕 1큰술

만드는 방법

1 고구마는 다듬어 깨끗이 씻어 찜기에 올려 찐 다음 껍질을 벗긴다.

2 믹서에 고구마와 우유의 ½양을 붓고 곱게 간다.

3 찹쌀가루에 물을 붓고 약불에서 잘 저으면서 죽을 끓인다.

4 찹쌀죽에 갈아놓은 고구마와 나머지 우유를 넣고 중불에서 저으면서 끓인다.

5 죽이 어우러지면 소금과 설탕으로 간을 맞추고, 약불에서 1분 정도 더 끓인 후 그릇에 담아낸다.

Chef's Tip

• 끓이는 도중에 나무주걱으로 자주 저어주어야 냄비 바닥에 눋지 않는다.
• 고구마와 찹쌀가루의 비율은 기호에 따라 가감할 수 있다.
• 고구마의 당도에 따라 설탕을 가감할 수 있다.

김 위에 속재료를 간단히 넣고 둥글고 단단하게 말아서 잘라 먹는 음식이다.

간편김밥

재료

아스파라거스 100g
소금 ¼작은술
달걀 2개, 소금 ¼작은술
당근 ½개(100g)
소금 ¼작은술
식용유 1큰술
김(김밥용) 4장, 밥 2공기

밥 양념
소금 ½작은술, 설탕 ½작은술
참기름 1작은술

만드는 방법

1 아스파라거스를 깨끗이 씻어 필러로 살짝 벗긴다.

2 달걀은 두툼하게 지단을 부쳐서 길이로 썰고, 당근은 길게 채 썬다.

3 프라이팬에 기름을 두르고 아스파라거스와 당근을 각각 소금을 넣고 볶는다.

4 밥에 분량의 참기름, 소금, 설탕을 넣어 양념한다.

5 김 위에 양념한 밥과 재료를 넣고 말아서 먹기 좋은 크기로 썬다.

Chef's Tip

• 아스파라거스가 부드럽고 연하면 껍질을 벗기지 않고 사용한다.
• 아스파라거스는 줄기가 너무 두꺼우면 질겨 식감이 좋지 않다.
• 아스파라거스가 질기면 밑동을 잘라내고 사용한다.
• 아스파라거스 대신 마늘종을 넣어도 좋다.

뜨거운 밥에 참나물을 넣고 그 위에 새우와 김치를 올린 음식이다.

나물밥

재료

쌀 1½컵, 물 1½컵
참나물 80g, 소금 ¾작은술
참기름 1작은술

새우 살 50g, 청주 1큰술
식용유 1큰술, 다진 마늘 1큰술

배추김치 50g, 참기름 1작은술
깨소금 ½작은술

고추장소스
고추장 1큰술, 칠리소스 1큰술
설탕 ½큰술, 소금 ¼작은술
후춧가루 ⅛큰술
생크림 ½큰술

만드는 방법

1 쌀은 깨끗이 씻어 물에 30분 정도 불려 냄비에 쌀을 넣고 물을 부어 센 불에 올려 끓으면 4분 정도 끓이다가 중불에서 3분 정도 더 끓인 후 약 불로 줄여 10분 정도 뜸을 들인다.

2 참나물은 손질하여 깨끗이 씻고 체에 밭쳐 물기를 뺀 후, 길이 2㎝ 정도 로 잘라 놓는다.

3 밥이 뜨거울 때 참나물과 소금, 참기름을 넣고 고루 섞어 모양틀에 넣고 둥근 모양을 만든다.

4 새우는 깨끗이 씻어 청주에 10분 정도 재운 다음 잘게 썬다.

5 달구어진 팬에 기름을 두르고 다진 마늘을 넣고 볶다가 잘게 썬 새우를 넣고 1분 정도 더 볶는다. 배추김치는 꼭 짜서 송송 썰어 참기름과 깨소 금을 넣고 섞는다.

6 모양틀에 나물밥을 넣고 모양을 낸 후 접시에 담고 그 위에 준비한 새우, 김치를 올려 소스와 함께 낸다.

Chef's Tip

- 참나물은 밥 뜸을 들이고 뜨거울 때에 바로 넣어야 숨이 죽어 맛이 있다.
- 그릇에 나물밥을 담고 그 위에 새우와 김치를 푸짐하게 올려 내기도 한다.

흑임자 밥 위에 불고기를 얹고 둥글게 말아 소스를 곁들이는 음식이다.

불고기말이밥

• **재료분량** 4인분 기준 • **적정 배식온도** 15~25℃

재료

따뜻한 밥 3컵
볶은 흑임자 2큰술
소금 ½작은술, 참기름 1작은술
소고기(우둔) 200g(16×10㎝)

———

소고기 양념장

간장 2큰술, 설탕 1큰술
배즙 3큰술, 다진 파 ½큰술
다진 마늘 ½큰술
후춧가루 ⅛작은술

아스파라거스 14g(2개)
소금 ¼작은술
팽이버섯 70g(½팩)
소금 ⅛작은술
식용유 1큰술, 비트 10g

———

소스

물 ½컵, 간장 1큰술
설탕 1큰술, 꿀 ½큰술
녹말 ½큰술, 물 ½큰술

만드는 방법

1 밥이 뜨거울 때 흑임자와 소금, 참기름을 넣고 고루 섞는다.

2 소고기는 핏물을 제거하고 0.1㎝ 두께로 얇게 썰어 양념장을 넣고 양념한다.

3 아스파라거스와 팽이버섯은 깨끗이 씻어 물기를 빼고 비트는 깨끗이 씻어 껍질을 벗긴 후 두께 0.5㎝로 채 썰어 물에 20분 정도 담갔다가 물기를 뺀다.

4 팬을 달구어 식용유를 두르고 중불에서 아스파라거스와 소금을 넣고 2분간 볶고, 팽이버섯도 소금을 넣고 약불에서 30초 정도 볶는다.

5 팬을 달구어 소고기를 얇게 펴서 넣고 센 불에서 1분 정도 구운 다음 소고기에 아스파라거스, 팽이버섯, 비트를 넣고 돌돌 만다.

6 김발에 랩을 깔고 밥의 ½양을 가로 16㎝, 세로 10㎝, 두께 1㎝ 정도로 고르게 펴놓고, 그 위에 소고기말이를 올려 돌돌 말아준다. 나머지 ½양도 같은 방법으로 말아 놓는다.

7 냄비에 소스 재료를 넣고 끓여 소스를 만든다.

8 말아 놓은 밥을 썰어서 접시에 담고 비트채와 소스를 함께 낸다.

Chef's Tip

• 밥은 고슬고슬하게 짓고 소고기는 한 장씩 펴서 굽는다.

영계의 배 속에 불린 찹쌀과 수삼·마늘·대추를 넣고 신선한 해산물과 함께 끓여낸 음식이다.

해물삼계탕

· **재료분량** 4인분 기준 · **적정 배식온도** 65~85℃

재료

영계 1마리, 물 8컵
찹쌀 ¼컵
수삼 1뿌리, 마늘 2개
대추 2개
전복 1마리
낙지 1마리, 소금 1큰술
밀가루 2큰술

대하 1마리

파 10g, 소금 ½작은술
후춧가루 ⅛작은술

만드는 방법

1 영계는 내장과 기름기를 떼어 내고 깨끗이 씻는다.

2 찹쌀은 깨끗이 씻어 물에 2시간 정도 불린다.

3 수삼은 깨끗이 씻은 후 뇌두를 자르고, 마늘과 대추는 깨끗이 씻는다. 파는 손질하여 깨끗이 씻은 후 폭 0.2㎝로 어슷 썬다.

4 영계의 배 속에 찹쌀과 수삼, 마늘, 대추를 넣고 내용물이 나오지 않도록 닭다리를 엇갈리게 끼운다.

5 전복은 껍질을 솔로 박박 문질러 씻고 낙지는 머리를 뒤집어서 내장과 눈을 떼어 내고, 소금과 밀가루를 넣고 주물러 깨끗이 씻는다. 대하는 등쪽에서 내장을 빼내고 깨끗이 씻는다.

6 냄비에 영계와 물을 붓고 센 불에 올려 50분 정도 끓으면, 중불로 낮추어 전복과 낙지, 대하를 넣고 5분 정도 더 끓인다.

7 그릇에 담고 파와 소금, 후추를 곁들여 낸다.

Chef's Tip

• 해물삼계탕의 해물은 신선한 것을 사용한다.
• 낙지 대신 주꾸미와 문어를 사용해도 된다.
• 해물은 오래 끓이면 질겨지므로 살짝 익힌다.

닭다리를 매콤하게 양념하여 익힌 후 채소와 당면을 함께 넣고 만든 음식이다.

매운닭다리찜

· **재료분량** 4인분 기준 · **적정 배식온도** 70~75℃

재료

닭다리 4개(400g)
생강즙 ½큰술
청주 1½큰술

감자 ½개(60g), 당근 ¼개(50g)
양파 ¼개(40g), 건표고버섯 1개
건고추 1개
홍고추 ½개, 당면 40g

식용유 1큰술

양념장
간장 ¼컵, 물엿 ¼컵
설탕 ½큰술, 마늘 3개
생강 7g, 통후추 2g, 파 30g
물 1컵

통깨 ½작은술
참기름 ½작은술

만드는 방법

1 닭다리는 깨끗이 씻어 길이 1㎝ 간격으로 칼집을 내어 끓는 물에 닭을 넣고 데쳐서 물기를 뺀 다음 닭에 생강즙과 청주를 넣고 10분 정도 재운다.

2 감자와 당근은 손질하여 가로 2㎝, 세로 3㎝, 두께 2㎝, 정도의 크기로 썰고 모서리를 둥글게 깎는다.

3 표고버섯은 물에 30분 정도 불려서 기둥을 떼고 4등분하고, 양파는 깨끗이 씻어 굵게 채 썬다.

4 건고추는 마른 면포로 닦아 길이 1.5㎝, 폭 0.5㎝로 썰고 홍고추는 깨끗이 씻어 곱게 다지고 당면은 10㎝ 정도의 길이로 잘라 물에 불린다.

5 냄비에 양념장 재료를 넣고 중불에 2분 정도 끓으면, 약불로 낮추어 5분 정도 더 끓인 후 체에 걸러 양념장을 만든다.

6 팬을 달구어 식용유를 넣고 닭다리와 감자, 당근, 건고추를 넣어 센 불에서 1분 정도 볶다가 양념장을 넣고, 중불로 낮추어 뚜껑을 덮고 10분 정도 끓인다.

7 닭다리가 익으면 양파와 표고버섯, 홍고추, 당면을 넣어 뚜껑을 덮고 중불에서 5분 정도 더 끓인 다음 통깨와 참기름을 넣고 중불에서 2분 정도 더 조린다.

Chef's Tip

• 수분이 너무 많으면 간이 싱겁고 맛이 덜하므로 적당하게 잘 조려준다.
• 건고추를 사용하면 매운맛과 달큰한 맛을 낼 수 있다.

도토리묵과 흰 청포묵, 노란 청포묵에 샐러드 채소를 함께 섞어 소스를 곁들이는 음식이다.

삼색묵무침

재료

청포묵 180g, 도토리묵 100g
소금 ¼작은술, 참기름 3큰술

치자물 3큰술

샐러드 채소
로메인 30g, 그린비타민 20g
라디치오 10g

양념장
참기름 ½큰술, 간장 1큰술
꿀 1작은술, 고춧가루 1작은술
다진 파 2작은술
다진 마늘 1작은술
깨소금 1큰술, 식초 1큰술

만드는 방법

1 청포묵을 가로 1cm, 세로 3cm, 두께 0.7cm로 썰어 끓는 물에 1분 정도 데쳐서 청포묵 ½양은 치자물에 30분 정도 담가 노란물을 들이고 ½양의 흰색은 각각 소금과 참기름을 넣고 양념한다.

2 도토리묵은 가로 1cm, 세로 3cm, 두께 0.7cm 정도로 썬 다음 소금과 참기름을 넣고 양념한다.

3 채소는 깨끗이 씻어 물기를 빼고 먹기 좋은 크기로 썬다.

4 양념장 소스를 만든다.

5 그릇에 삼색묵과 채소를 담고 양념장과 함께 낸다.

Chef's Tip

• 묵을 썰 때 물을 묻혀 가면서 썰면 달라붙지 않는다.
• 치자 대신 사프란을 우려 사용해도 좋다.

오징어와 김치, 채소를 함께 볶아서 삶은 당면을 넣고 매운 양념하여 만든 음식이다.

매운잡채

재료

돼지고기(목살) 30g
느타리버섯 30g

돼지고기, 느타리버섯 양념장
설탕 ⅓작은술
다진 파 1작은술
다진 마늘 ½작은술
깨소금 ½작은술
후춧가루 ⅛큰술
참기름 ½작은술

오이 ¼개, 소금 ¼작은술
양파 ¼개, 김치 60g
오징어 30g

달걀 1개
당면 60g, 참기름 1큰술

양념장
고추기름 ⅓큰술
고추장 1작은술
고춧가루 ½작은술, 설탕 1큰술
간장 1큰술, 물 2큰술
참기름 1큰술

식용유 2큰술

만드는 방법

1 돼지고기는 길이 6㎝, 정도로 채 썰고 느타리버섯은 끓는 물에 넣고 30 초 정도 데친 후 두께 0.5㎝ 정도로 찢어 양념장을 넣고 각각 양념한 다음 팬을 달구어 식용유를 두르고 돼지고기를 넣고 센 불에서 4분 정도, 느타리버섯은 중불에서 2분 정도 볶는다.

2 오이는 깨끗이 씻어 길이 5㎝로 돌려 깎아 채 썰어 소금을 넣고 5분 정 도 절인 후 물기를 닦는다. 양파는 손질하여 깨끗이 씻고 오이와 같은 크기로 채 썬 다음, 팬을 달구어 식용유를 두르고 센 불에서 각각 1분 정 도 볶는다.

3 김치는 줄기 쪽으로 길이 5㎝로 채 썰어 달구어진 팬에 기름을 두르고 볶는다.

4 오징어는 껍질을 벗겨 길이 5㎝, 폭 3㎝ 정도로 채 썰어 끓는 물에 데 치고 황ㆍ백지단은 부쳐 길이 4㎝로 채 썬다.

5 냄비에 물을 붓고 센 불에서 끓으면, 당면을 넣고 8분 정도 삶아 물기를 뺀 다음 달구어진 팬에 당면과 양념장을 넣고 2분 정도 볶는다.

6 볶은 당면에 준비한 부재료들을 넣고 고루 섞어 그릇에 담고 황ㆍ백지단 을 얹어 낸다.

Chef's Tip

• 매운맛을 좋아하면 풋고추채를 볶아 넣어도 좋다.
• 당면에 양념장이 완전히 스며들게 볶아야 당면이 퍼지지 않는다.

오리고기를 얇게 썰어 양념장에 재워 구운 후 김치와 함께 담아내는 음식이다.

김치오리구이

재료

훈제오리 300g

간장소스
물 ½컵, 간장 2작은술
설탕 2작은술, 꿀 1작은술
녹말물(물 1큰술, 녹말 ½작은술)

배추김치 100g

만드는 방법

1 팬을 달구어 훈제오리를 펴서 넣고 은근한 중불에서 구워 기름을 빼준다.

2 냄비에 간장소스 재료를 넣고 센 불에서 끓어오르면, 중불로 낮추어 5분 정도 더 끓이고, 녹말물을 넣은 후, 잘 저어 약불에서 2분 정도 더 끓여 간장소스를 만든다.

3 배추김치는 속을 털어내고 꼭 짜서 길이 4㎝, 폭 0.5㎝ 정도로 썬다.

4 훈제오리에 소스를 바르고 김치와 함께 담아 낸다.

Chef's Tip

• 훈제오리는 기름을 너무 빼면 질기다.
• 배추김치는 잘 익은 김치를 사용한다.
• 매운 김치 대신 백김치를 사용해도 좋다.

갈비를 수직 방향으로 절단하여 양념장에 재워 구워낸 음식이다.

L.A갈비구이

· **재료분량** 4인분 기준 · **적정 배식온도** 70~75℃

재료

L.A갈비(뼈 포함) 660g

향신즙
배 80g, 양파 50g
파인애플(통조림) 50g
파인애플 국물 3큰술

양념장
간장 3큰술, 설탕 1큰술
다진 파 1큰술
다진 마늘 ½큰술
후춧가루 ⅛작은술
깨소금 ½큰술
참기름 1큰술

만드는 방법

1 갈비는 수직 방향으로 절단하여 갈비뼈의 단면이 보이도록 자른 후 잠기도록 물을 넉넉히 부어 1시간 간격으로 물을 갈아주면서 2시간 정도 담가 핏물을 뺀다.

2 배, 양파, 파인애플을 믹서에 갈아 면포에 걸러 향신즙을 만든다.

3 향신즙에 양념 재료를 넣어 고기 양념장을 만든다.

4 갈비를 흐르는 물에 한 번 헹구어 건져 20분 정도 물기를 빼준다.

5 물기가 빠진 갈비에 양념장을 넣고, 간이 배도록 1시간 정도 재워둔다.

6 팬이 달구어지면 갈비를 한 줄씩 가지런히 올려 중불에서 앞뒤를 고르게 익혀낸다.

Chef's Tip

- 갈비는 숯불에 굽기도 한다.
- LA갈비는 갈비를 절단하는 방법에 따라 붙인 이름이다.
- LA의 L자는 영어 'Lateral(측면의)', A자는 'Axis(축, 중심선)'의 앞 자를 의미하는 것으로, 갈비를 절단할 때 갈비 방향으로 길게 자르지 않고, 갈비의 수직 방향으로 절단하여 갈비뼈의 단면이 보이도록 자른 것이다.

코다리에 튀김옷을 입혀 바삭하게 튀겨내어 매운 소스에 굴려 낸 음식이다.

코다리매운강정

• **재료분량** 4인분 기준 • **적정 배식온도** 70~75℃

재료

코다리 500g(1~2마리)

───────

양념
설탕 ½큰술
소금 ¼작은술
청주 1큰술, 후춧가루 ⅛작은술
생강즙 1큰술

녹말가루 ⅓컵
달걀 1개

───────

튀김기름
식용유 5컵

건고추 2개, 식용유 1큰술
청고추 ½개, 홍고추 ½개

───────

양념장
간장 1½큰술, 설탕 1큰술
식용유 1큰술, 다진 파 1큰술
다진 마늘 1작은술

만드는 방법

1 코다리는 머리와 꼬리를 떼고 배를 갈라 등뼈를 발라낸 후 깨끗이 씻어 가로 2㎝, 세로 3㎝ 정도의 크기로 잘라 양념에 30분 정도 재운 다음 녹말가루와 달걀을 넣고 반죽을 한다.

2 팬에 식용유를 붓고 센 불에 올려 170℃ 정도 기름에서 반죽한 코다리를 넣고 3분 정도 노릇하게 튀긴다.

3 건고추는 가로·세로 0.3㎝ 두께로 자르고 청고추와 홍고추는 속과 씨를 떼어내고 곱게 다진다.

4 팬을 달구어 식용유 1큰술을 두르고 중불에서 건고추를 넣고 30초 정도 볶다가 양념장을 넣고 끓으면 튀겨놓은 코다리를 넣고 1분 정도 더 볶는다.

5 청·홍고추를 넣고 섞어 그릇에 담아낸다.

Chef's Tip

• 코다리는 양념장에 재우면 살이 부서지는 것을 방지할 수 있다.
• 튀긴 코다리는 채반에 펼쳐 식혀야 바삭하다.

소갈빗살과 돼지고기 삼겹살을 곱게 다져서 양념하고 수삼에 둥글게 붙여서 구운 음식이다.

인삼떡갈비

재료

소갈빗살 200g
돼지고기(삼겹살) 100g

양념장
간장 1½큰술, 소금 ½작은술
설탕 1큰술, 다진 파 2작은술
다진 마늘 1작은술
배즙 ½컵, 후춧가루 ⅛큰술
참기름 1작은술

배추김치 50g, 참기름 1작은술
수삼 4개, 밀가루 2큰술
식용유 2큰술

소스
채소국물 ½컵, 간장 ⅓큰술
꿀 1작은술, 설탕 ½큰술

녹말물
녹말 1큰술, 물 1큰술

만드는 방법

1 소갈빗살과 돼지고기는 핏물을 제거하고 곱게 다진 다음 양념장을 넣고 간이 배도록 치댄다.

2 배추김치는 길이 7㎝, 폭 0.8㎝로 썰어 참기름으로 양념하여 놓는다.

3 수삼은 깨끗이 씻어 뇌두를 자른 다음 수삼에 밀가루를 묻히고 김치를 말고 그 위에 양념한 떡갈빗살을 길이 4㎝, 두께 1㎝ 정도로 둥글게 붙여준다.

4 냄비에 채소국물을 붓고 분량의 양념을 넣어 센 불에 올려 끓으면 녹말물을 넣고 저어주며 중불에서 3분 정도 윤기 나게 끓인다.

5 팬을 달구어 식용유를 두르고 떡갈비를 넣고 약불에서 앞·뒤로 굴려가며 고르게 10분 정도 굽는다.

6 그릇에 담아 소스와 함께 낸다.

Chef's Tip

- 석쇠나 오븐을 이용하여 구워도 좋다.
- 수삼을 선택할 때는 지름이 1㎝가 넘지 않도록 한다.

다진 두부와 돼지고기를 양념하여 양파 속에 넣고 밀가루와 달걀물을 씌워 지진 음식이다

두부전유화

재료

두부 200g(½모), 자색양파 ⅓개
돼지고기(삼겹살) 100g

양념
다진 파 1작은술
다진 마늘 1작은술
소금 1작은술, 후추 ⅛작은술

자색양파 1개, 밀가루 30g
달걀 1개

소스
연겨자 1큰술, 간장 ⅔큰술
식초 1큰술, 설탕 1큰술
소금 ½작은술, 두부 7g, 물 1작은술
레몬즙 ½큰술
홍고추 1개

만드는 방법

1 두부는 면포로 물기를 짜서 곱게 으깨고, 양파는 깨끗이 손질하여 곱게 다지고 돼지고기도 곱게 다진다. 달걀은 풀어 놓는다.

2 으깬 두부와 양파, 돼지고기에 양념을 넣고 고루 섞고 치대어 소를 만든다.

3 자색양파는 손질하여 깨끗이 씻은 후, 두께 1㎝ 정도로 잘라 지름이 5~7㎝ 되는 양파만 남기고 가운데 작은 양파는 빼놓는다. 믹서에 소스 재료를 넣고 갈아 소스를 만든다.

4 자색양파 안쪽에 밀가루를 묻히고 소를 평평하게 넣고, 앞·뒤로 골고루 밀가루를 입혀 달걀물을 씌운다.

5 팬을 달구어 식용유를 두르고 약불에서 10분 정도 지지다가 뒤집어서 10분 정도 더 지진다.

6 접시에 두부전유화를 담고 홍고추로 모양낸 후 소스와 함께 낸다.

Chef's Tip

• 소를 오래 치대면 부드럽고 표면이 더 매끄럽다.
• 전이 타지 않도록 불 조절을 잘 한다.
• 팬 가장자리에 기름을 둘러가며 지져야 색이 곱다.

애호박에 양념한 새우 살을 소로 넣고 밀가루, 달걀물을 씌워 지진 음식이다.

애호박새우전

• **재료분량** 4인분 기준 ・ **적정 배식온도** 70～75℃

재료

애호박 160g(½개)
소금 ¼작은술
새우 살 80g
파르메산 치즈 1큰술
달걀 1개, 소금 ¼작은술
밀가루 2큰술

소스

양파즙 ½큰술
다진 할라피뇨 1큰술
레몬즙 1작은술
설탕 1작은술
와사비 ½작은술
간장 1큰술
식초 1큰술

만드는 방법

1 애호박은 깨끗이 씻어 두께 0.5㎝ 정도로 썰어 지름 3㎝ 정도의 몰드로 가운데를 동그랗게 도려내고, 소금을 뿌리고 10분 정도 절였다가 물기를 제거한다.

2 새우 살은 물기를 제거하고 곱게 다져 파르메산 치즈를 넣고 섞어 소를 만든다.

3 달걀에 소금을 넣어 고루 풀어 놓는다.

4 호박 동그라미 안쪽에 밀가루를 묻히고 소를 넣고 수평으로 평평하게 채운 다음, 앞・뒤로 밀가루를 입히고 달걀물을 묻힌다.

5 팬을 달구어 식용유를 두르고 호박을 넣고 중불에서 2분, 뒤집어서 2분 정도 지진다.

6 애호박새우전을 그릇에 담고 만들어 놓은 소스와 함께 낸다.

Chef's Tip

• 밀가루를 묻힐 때 너무 많이 묻히면 표면이 고르지 못하고 맛도 덜하므로 밀가루를 잘 털어낸다.
• 전을 지질 때 불이 세면 타기 쉽고 약하면 기름을 많이 흡수하므로 불 조절에 주의한다.

소고기를 얇게 썰어 양념하여 불고기를 만들고 백김치샐러드와 함께 내는 음식이다.

불고기백김치샐러드

· **재료분량** 4인분 기준 · **적정 배식온도** 70~75℃

재료

소고기(등심) 300g
레드와인 4큰술

소고기 양념장
간장 1½큰술, 설탕 1큰술
배즙 3큰술, 양파즙 1큰술
다진 파 1큰술
다진 마늘 ½큰술
깨소금 ½큰술, 후춧가루 ⅛작은술
참기름 1큰술

백김치 90g, 비트 20g, 부추 35g

소스
채소국물 ½컵
간장 ⅓큰술
꿀 1작은술, 설탕 ½큰술

녹말물
녹말가루 1큰술, 물 1큰술

만드는 방법

1 소고기는 핏물을 제거하고, 고기 결의 반대 방향으로 가로 5cm, 세로 4cm, 두께 0.3cm 정도로 썰어 잔 칼집을 넣은 다음 레드와인에 10분 정도 재운다.

2 와인에 재운 소고기에 양념장을 넣고, 간이 배도록 주물러 30분 정도 재운다.

3 백김치는 길이 4cm, 폭 0.3cm로 채 썰고 비트와 부추는 깨끗이 씻어 비트는 길이 4cm, 폭 0.3cm로 채 썰고 부추는 4cm 길이로 썰어 백김치샐러드를 만든다.

4 팬을 달구어 고기를 넣고 센 불에서 앞·뒤로 뒤집어 가면서 2분 정도 구워 불고기를 만든다.

5 냄비에 소스 재료를 넣고 센 불에 30초 정도 올려 끓으면, 녹말물을 넣고 중불에서 3분 정도 윤기 나게 끓여 소스를 만든다.

6 접시에 불고기와 백김치샐러드를 담고 소스와 함께 낸다.

Chef's Tip

• 불고기를 너무 오래 구우면 질감이 뻣뻣해지므로 센 불에서 살짝 굽는다.

연근과 사과, 청피망을 함께 넣고 소스를 곁들이는 음식이다.

연근샐러드

· **재료분량** 4인분 기준 · **적정 배식온도** 15~25℃

재료

연근 100g, 물 2컵
소금 ¼작은술
청피망 50g
사과 ½개(100g)
설탕 1큰술, 물 1컵

소스
설탕 2큰술
식초 2큰술
소금 1작은술
오미자청 1큰술

만드는 방법

1 연근은 깨끗이 씻어 껍질을 벗기고 두께 0.1㎝ 정도로 얇게 썰어 2등분한 다음 끓는 물에 연근과 소금을 넣고 30초 정도 데친다.

2 청피망은 깨끗이 씻어 동그란 모양을 살려 0.2㎝ 정도로 썰고 2등분한다.

3 사과는 깨끗이 씻어 껍질째 2등분하고 씨를 제거하여 0.3㎝ 두께로 썬 후 설탕물에 담근다.

4 소스를 만든다.

5 사과는 체에 밭쳐 물기를 빼고, 준비한 재료와 함께 그릇에 담고 소스와 함께 낸다.

Chef's Tip

• 사과를 썰어 그대로 두면 갈변되므로, 설탕물에 담가 놓았다가 먹기 전에 체에 밭쳐 냉장고에 넣었다가 사용한다.

• 사과는 빨간색이 진하고 작은 홍옥이 좋다.

두부와 복숭아, 코코넛밀크를 함께 갈아 얼려 만든 셔벗이다.

두부과일셔벗

· **재료분량** 4인분 기준 · **적정 배식온도** −17~−12℃

재료

두부 75g
복숭아(통조림) 과육 50g
복숭아(통조림) 국물 20g
코코넛밀크 30g
브랜디 1큰술
설탕 1큰술
꿀 1큰술
딸기 2개

만드는 방법

1 두부는 면포에 물기를 짠다.

2 모든 재료를 믹서기에 넣고 곱게 간다.

3 스테인리스 볼에 담아 냉동실에 8시간 정도 얼린다.

4 스쿱(Scoop)으로 떠서 그릇에 담고 딸기를 얹어낸다.

Chef's Tip

• 음식을 먹고 셔벗을 먹으면 입안이 개운하다.
• 코코넛밀크 대신에 생크림을 사용하기도 한다.
• 딸기 대신 체리를 얹어내도 좋다.

은은한 잣 향이 풍기는 잣백김치는 매운맛에 약한 외국인뿐만 아니라 남녀노소 누구나 즐길 수 있는 영양 김치이다.

잣백김치

· 재료분량 4인분 기준 · 적정 배식온도 4~10℃

재료

배추 1통(2.5kg)
물 10컵
굵은소금 2⅓컵(350g)
무 200g
미나리 25g
쪽파 30g
마늘 3개
생강 5g
실고추 2g
배 ½개
밤 5개
대추 3개
잣 1컵
표고버섯 2장
석이버섯 2g
소금 2½작은술

백김칫국물
4컵, 소금 1큰술

만드는 방법

1 배추는 다듬어서 길이로 반으로 잘라 굵은소금의 ½양은 배추 줄기 사이에 켜켜이 뿌리고, 나머지 굵은소금의 ½양은 물에 넣고 섞어서 소금물을 만들어 배추를 넣고 4시간 정도 뒤집어가며 절인 다음 깨끗이 씻어 건져서 1시간 정도 물기를 뺀다.

2 무는 손질하여 씻고, 길이 5cm, 폭·두께 0.3cm 정도로 채 썰고 마늘과 생강은 손질하여 씻은 후 폭·두께 0.1cm 정도로 채 썰고, 실고추는 길이 2~3cm로 자른다. 쪽파와 미나리는 손질하여 씻어서 길이 4cm 정도로 자른다.

3 배와 밤은 껍질을 벗겨 길이 3cm, 폭·두께 0.2cm 정도로 채 썰고, 대추는 닦은 후 살만 돌려 깎아 폭 0.2cm 정도로 채 썬다.

4 표고버섯과 석이버섯은 물에 불린 후, 표고버섯은 기둥을 떼고 폭·두께 0.2cm 정도로 채 썰고, 석이버섯은 깨끗이 비벼 씻어 배꼽을 떼어 내고 폭 0.1cm 정도로 채 썬다. 잣은 고깔을 떼고 닦는다.

5 채 썬 무와 미나리, 쪽파, 배, 밤, 대추, 표고버섯, 석이버섯, 마늘채, 생강채, 실고추, 잣을 한데 넣고 소금으로 간을 맞추어 잣백김칫소를 만든다.

6 배춧잎의 사이사이에 잣백김칫소를 고루 넣고, 배추 겉잎으로 양념이 흘러나오지 않게 돌려 감아 항아리에 차곡차곡 담고, 절인 배추 우거지로 위를 덮어 백김칫국물을 만들어 붓는다.

Chef's Tip

· 백김칫국물용 물은 생수 또는 끓여 식힌 물을 사용한다.

3

홍콩

세계인이 좋아하는 한국음식

홍콩인이 좋아하는 한식

우리나라 대표 음식인 배추김치와 함께 신선한 해산물을 함께 넣고 끓인 죽이다.

김치해물죽

· **재료분량** 4인분 기준 · **적정 배식온도** 60~65℃

재료

멥쌀 1컵
배추김치 60g
새우 살 80g
오징어 50g

———

멸치다시마 육수 7컵
멸치 20g
다시마 5g
물 8컵
참기름 1작은술
소금 1작은술

만드는 방법

1 배추김치는 속을 털어내고 송송 썰고, 새우는 껍질을 벗기고 등의 내장을 빼내어 굵게 다진다.

2 오징어는 껍질을 벗겨 몸통 안쪽에 0.3㎝ 간격으로 칼집을 넣고 길이 3㎝, 폭 0.5㎝ 정도로 썬다.

3 멸치는 머리와 내장을 떼어내고 다시마는 젖은 면포로 닦는다.

4 냄비에 멸치를 넣고 물을 부어 끓으면 중불로 낮추어 15분 정도 끓이다가 다시마를 넣고 불을 끈 다음 5분 정도 두었다가 체에 걸러 멸치다시마 육수를 만든다.

5 냄비에 불린 멥쌀과 참기름을 넣고 볶다가 멸치다시마 육수를 부어 센 불에서 끓으면 중불로 낮추어 30분 정도 끓인다.

6 쌀알이 퍼지기 시작하면 김치와 새우, 오징어를 넣고 10분 정도 더 끓이다가 소금으로 간을 맞추어 2분 정도 더 끓인다.

Chef's Tip

• 새우와 오징어 대신 홍합, 굴, 패주 등 다른 해산물을 넣을 수도 있다.
• 배추김치는 잘 익은 것을 사용해야 죽이 맛이 있다.
• 해산물은 싱싱한 것을 사용하며 소금물에 씻는다.

밥 위에 김치와 각종 채소를 돌려 담고 가운데 날치알을 얹어 톡톡 씹히는 맛을 더해주는 비빔밥이다.

날치알돌솥비빔밥

· **재료분량** 4인분 기준 · **적정 배식온도** 65~85℃

재료

멥쌀 2½컵
물 3컵

애호박 50g(⅙개)
소금 ½작은술
양파 ⅓개
김치 50g
팽이버섯 40g
표고버섯 3장
참기름 ½작은술
소금 ¼큰술
날치알 4큰술
달걀 1개
식용유 2큰술

만드는 방법

1 멥쌀은 깨끗이 씻어 일어서 30분 정도 물에 불려서 냄비에 불린 쌀과 물을 붓고 센 불에 올려 끓으면 4분 정도 끓이다가 중불로 낮추어 3분 정도 더 끓인 후 약불에서 10분 정도 뜸을 들인다.

2 애호박은 길이로 4㎝ 정도로 잘라 돌려 깎아 두께 0.3㎝ 정도로 채 썰어 소금에 살짝 절였다가 물기를 제거하고, 양파는 곱게 채 썰고 김치는 줄기 부분만 송송 썬다.

3 팽이버섯은 밑동을 잘라내고, 표고버섯은 물에 1시간 정도 불려 포를 떠서 곱게 채 썰고 참기름과 소금으로 간을 한다.

4 달구어진 팬에 식용유를 두르고 애호박과 양파, 팽이버섯, 표고버섯, 김치를 각각 볶는다.

5 돌솥에 밥을 담고 준비해둔 채소와 버섯을 돌려 담고 달걀노른자와 날치알을 올리고 불에 올려 돌솥을 달군다.

Chef's Tip

• 기호에 따라 고추장이나 간장으로 비벼 먹을 수 있다.
• 비빔밥은 밥이 고슬고슬해야 맛있다.

단호박 속에 찹쌀과 약리작용을 하는 밤, 대추, 은행 등을 넣어서 지은 영양 만점의 음식이다.

단호박영양밥

· **재료분량** 4인분 기준 · **적정 배식온도** 60~70℃

재료

단호박 800g(1통)
찹쌀 1컵
울타리콩 2큰술
밤 3개
대추 3개
은행 4개
식용유 1작은술

___

소금물
소금 1작은술
물 ¼컵

만드는 방법

1 단호박은 껍질째 깨끗이 씻어 꼭지가 달린 윗 부분을 지름이 8㎝ 정도 되게 도려낸 뒤, 속과 씨를 긁어낸다.

2 찹쌀은 깨끗이 씻어 일어서 물에 담가 30분 정도 불려 체에 건져 물기를 뺀다.

3 밤은 껍질을 벗기고 3~4등분으로 잘라 물에 담가 두고, 대추는 씻어서 돌려 깎아 2~3등분한다.

4 달구어진 팬에 식용유를 두르고 은행을 넣고 볶아서 껍질을 벗긴다.

5 찜기에 물을 붓고 김이 오르면 젖은 면포를 깔고 찹쌀을 넣은 후 30~40 분간 푹 찐 후, 울타리콩, 밤, 대추, 은행을 넣고 소금물을 고루 뿌려 아래 위를 뒤집고 30분 정도 더 찐다.

6 손질한 단호박 속에 찐 찰밥을 ⅔ 정도 채우고 잘라 낸 뚜껑을 덮는다. 찜통에 단호박을 넣고 물을 부어 20분 정도 찐 다음 먹기 좋게 잘라 접시 에 담는다.

Chef's Tip

• 찹쌀을 너무 오래 불리면 밥이 질어질 수 있다.
• 울타리콩 대신 검은콩이나 강낭콩을 쓸 수도 있다.
• 단호박은 전자레인지에 살짝 익힌 후 도려내면 쉽다.

신선한 대구에 배추와 무를 넣고 소금으로 간을 하여 끓여 만든 음식이다.

대구맑은탕

재료

대구 400g, 무 200g
배추속대 100g, 파 50g
두부 100g, 팽이버섯 30g
청고추 1개, 홍고추 1개
쑥갓 10g
다진 마늘 1큰술
생강즙 ½큰술
소금 1큰술
후춧가루 ⅛작은술

―――――――

채소국물 6컵
물 8컵
파 50g
다시마 10g

만드는 방법

1 대구는 비늘을 긁고 지느러미와 꼬리를 잘라 내장을 빼내고 길이 4cm 정도로 자른다.

2 배추속대는 길이 2~3cm 정도로 썰고, 파는 깨끗이 다듬어 씻어 어슷썰고, 두부는 가로 4cm, 세로 5cm, 두께 0.7cm로 썬다.

3 팽이버섯은 밑동을 잘라 가닥을 떼어내고, 청·홍고추는 깨끗이 씻어 어슷 썬다.

4 냄비에 채소국물 재료를 넣고 끓여 체에 걸러 채소국물을 만든다.

5 무는 두툼하게 나박 썰어 끓는 채소국물에 손질한 대구와 함께 넣고 끓여 배추속대와 두부, 다진 마늘, 생강즙, 파를 넣고 소금과 후춧가루를 넣고 간을 한다.

6 팽이버섯과 청·홍고추를 넣고 한소끔 끓인 후 쑥갓을 넣고 불을 끈다.

Chef's Tip

• 국물이 끓을 때 반드시 떠오르는 불순물을 걷어내고 마지막에 레몬 2쪽을 넣으면 맛이 산뜻하다.
• 대구 이외에 생태, 조기, 도미 등을 넣고 끓이기도 한다.

여러 종류의 약재를 달인 물에 영계와 전복을 넣어 끓여 만든 보양음식이다.

전복삼계탕

• **재료분량** 1인분 기준 • **적정 배식온도** 65~80℃

재료

영계 1마리
전복 1개
찹쌀 1컵

국물
황기 1뿌리, 물 8컵

인삼 1뿌리
마늘 3쪽
대추 3개

실파 10g
소금 2작은술
후춧가루 ⅛작은술

만드는 방법

1 영계는 배 밑으로 내장과 기름기를 떼어 내고 등뼈 사이의 불순물을 긁어 깨끗이 씻는다.

2 전복은 솔로 깨끗이 씻는다.

3 찹쌀은 깨끗이 씻어 물에 2시간 정도 불려 건져 물기를 빼고 냄비에 황기를 넣고 6컵이 될 때까지 중불에서 끓여 체에 밭쳐 국물을 만든다.

4 인삼과 마늘, 대추는 깨끗이 씻고 실파는 다듬어 씻어 송송 썬다.

5 영계 배 속에 불려놓은 찹쌀과 마늘, 대추를 넣고 내용물이 나오지 않도록 닭다리를 엇갈려 끼운다.

6 냄비에 영계와 인삼을 넣고 국물을 부어 센 불에서 끓으면 중불로 낮추어 50분 정도 끓이다가 닭이 익으면 전복을 넣고 한소끔 더 끓인다.

7 그릇에 담고 실파와 소금, 후춧가루를 곁들여 낸다.

Chef's Tip

• 소금과 후춧가루, 실파는 기호에 따라 가감한다.
• 전복은 오래 끓이면 질겨지므로 한소끔만 끓여낸다.

콩을 불려서 만든 순두부에 조개, 오징어 등의 해산물을 넣고 끓인 음식이다.

해물순두부찌개

· **재료분량** 4인분 기준 · **적정 배식온도** 65~80℃

재료

순두부 600g, 물 1컵

해물
조갯살 50g
소금 ½작은술

오징어 50g
새우 50g

고추기름
고춧가루 1큰술
식용유 ½큰술
다진 마늘 1큰술
청고추 ½개
홍고추 ½개
파 30g
소금 2작은술

만드는 방법

1 조갯살은 소금물에 살살 흔들어 씻어 체에 밭쳐 물기를 뺀다.

2 오징어는 깨끗이 씻은 후 길이 4cm, 폭 1cm 정도로 썰고, 새우는 씻어서 꼬치로 등쪽 내장을 빼낸다.

3 청 · 홍고추는 깨끗이 씻어 길이 2cm, 두께 0.3cm 정도로 어슷 썰고, 파는 깨끗이 다듬어 씻고 길이 3cm 정도로 어슷 썬다.

4 뚝배기를 살짝 달구고, 고춧가루와 식용유를 넣고 볶아서 고추기름을 만든다.

5 고추기름에 순두부를 넣고 물을 붓고 한소끔 끓인 다음 조갯살과 오징어, 새우를 넣고 익을 때까지 끓이다가 다진 마늘을 넣고 소금으로 간을 맞춘다.

6 청고추와 홍고추, 파를 넣고 한소끔 더 끓인다.

Chef's Tip

• 조갯살 대신 굴을 넣기도 한다.
• 순두부는 너무 오래 끓이면 부드러운 맛이 없어지므로 잠깐 끓인다.

소갈비에 무나 표고버섯 등의 채소를 넣고 갖은 양념을 하여 찌듯이 윤기 나게 조린 음식이다.

궁중갈비찜

• **재료분량** 4인분 기준 • **적정 배식온도** 70~75℃

재료

소갈비 600g
물 3컵, 청주 1큰술

양념장
진간장 3큰술, 설탕 2큰술
꿀 1작은술, 배즙 4큰술
다진 파 2큰술, 다진 마늘 1큰술
참기름 1큰술
후춧가루 ⅓작은술

채소국물 5컵
물 8컵, 양파 ⅓개
파 50g, 마늘 20g

무 150g, 당근 100g
표고버섯 2장, 밤 4개, 대추 4개
은행 8개, 달걀 1개, 잣 1작은술
식용유 2큰술

만드는 방법

1 소갈비는 힘줄과 기름기를 떼어내고 찬물에 3시간 정도 담가 핏물을 뺀 뒤 칼집을 넣은 다음, 끓는 물에 청주를 넣고 소갈비를 넣어 데친 후 찬물에 헹군다.

2 무와 당근은 밤 크기만 하게 썰어서 가장자리를 둥글게 다듬고, 표고버섯은 물에 불려 기둥을 떼고 2~4등분한다. 밤은 껍질을 벗기고, 대추는 젖은 면포로 닦는다.

3 팬을 달구어 식용유를 두르고 은행을 넣고 중불에서 굴려가며 파랗게 볶고 달걀은 황·백지단을 부쳐 길이 2㎝ 정도의 마름모꼴로 썬다.

4 냄비에 채소국물을 분량대로 넣고 끓여서 체에 걸러 채소국물을 만든다.

5 데친 갈비에 양념장 ⅔분량을 넣어 10분 정도 재운 뒤 냄비에 넣고 채소국물을 부어 센 불에서 끓이다가 중불로 줄여 끓여 국물이 반으로 줄어들면 나머지 양념장과 무, 당근, 표고버섯, 밤, 대추를 넣고 끓인다.

6 소갈비와 무, 밤이 익으면 국물을 끼얹으며 윤기 나게 조린다.

7 국물이 자작해지면 그릇에 담고 은행과 황·백지단, 잣을 고명으로 얹는다.

Chef's Tip

• 갈비찜을 할 때는 중불에 서서히 익혀야 맛이 잘 우러나오고 부드럽다.
• 무, 당근, 밤 등의 부재료의 색을 살리기 위해 따로 조릴 수도 있다.

소고기를 얇게 저며 썰어 간장 양념을 하여 불에 구운 고기에 채소 겉절이와 곁들여 내는 음식이다.

너비아니와 생채겉절이

· **재료분량** 4인분 기준 · **적정 배식온도** 70~75℃

재료

소고기(채끝살) 300g, 배즙 3큰술

소고기 양념장
간장 2큰술, 꿀 1큰술, 유자청 1큰술
참기름 1큰술, 깨소금 ½큰술
다진 파 1큰술, 다진 마늘 ½큰술
후춧가루 ⅛작은술

얼갈이배추 80g, 영양부추 30g
수삼 1뿌리, 배 ⅓개, 밤 3개
대추 3개

겉절이 양념
고춧가루 2½큰술
멸치액젓 1큰술, 다진 파 ½큰술
다진 마늘 ½큰술, 깨소금 ½큰술
참기름 2작은술

만드는 방법

1 소고기는 핏물을 제거하고 소고기 결의 반대방향으로 가로 5㎝, 세로 7㎝, 두께 0.5㎝ 정도로 썰어 잔칼질하여 배즙에 10분 정도 재운 다음 소고기 양념장에 30분 정도 재운다.

2 얼갈이배추와 영양부추는 깨끗이 다듬어 씻어 길이 4㎝ 정도로 썬다.

3 수삼은 어슷 썰고 배는 가로 4㎝, 세로 3㎝, 두께 0.3㎝ 정도로 썰고 밤은 껍질을 벗겨 편으로 자르고, 대추는 살만 돌려 깎아 두께 0.2㎝ 정도로 채 썬다.

4 팬을 달구어 양념한 고기를 넣고 앞 · 뒤로 뒤집어 가며 굽는다.

5 준비한 모든 재료에 겉절이 양념을 넣고 버무린다.

6 그릇에 구운 고기와 겉절이를 보기 좋게 담아낸다.

Chef's Tip

· 고기를 양념장에 재울 때는 고기가 충분히 잠기게 담는다.
· 잔 칼집을 잘 넣어야 너비아니가 오그라들지 않는다.
· 겉절이에 사용하는 채소는 계절에 나오는 것을 사용할 수 있다.

소고기를 얇게 썰어 갖은 양념을 넣고 미리 재워 두었다가 불판에 구워, 구운 단호박과 함께 먹는 음식이다.

단호박불고기

재료

단호박 ¼통
버터 40g

소고기(등심) 300g
배즙 3큰술

소고기 양념장
간장 2큰술, 설탕 1큰술
꿀 1큰술, 유자청 1큰술
참기름 1큰술, 깨소금 ½큰술
다진 파 1큰술, 다진 마늘 1큰술
후춧가루 ⅛작은술

양파 ⅔개, 청고추 ½개
홍고추 ½개, 식용유 1작은술

만드는 방법

1 단호박은 깨끗이 씻어 길이로 반을 잘라 두께 0.5cm 정도로 썬다.

2 소고기는 핏물을 제거하고 결 반대방향으로 가로 5cm, 세로 4cm, 두께 0.3cm 정도로 썰어 배즙에 10분 정도 재워둔 다음, 소고기 양념장을 넣어 30분 정도 재워둔다.

3 양파는 다듬어 씻어 폭 0.5cm 정도로 채 썰고 청·홍고추는 깨끗이 씻어 길이로 반을 잘라 씨와 속을 떼어내고 길이 4cm, 폭 0.2cm 정도로 채 썬다.

4 팬을 달구어 버터를 녹인 후 단호박을 굽는다.

5 팬을 달구어 식용유를 두르고 양파를 볶다가 고기를 넣고 센 불에서 굽다가 청·홍고추를 넣고 중불에서 2분 정도 더 굽는다.

6 접시에 구워놓은 단호박을 돌려 담고 가운데 구운 소고기를 놓는다.

Chef's Tip

• 불고기용 고기는 핏물을 뺀 다음 양념을 해서 구우면 텁텁한 맛이 없어진다.
• 고기를 오래 볶으면 육즙이 다 빠져나와 뻣뻣해지므로 센 불에서 빨리 구워낸다.

신선한 대구에 고춧가루와 갖은 양념을 하여 끼얹어 가며 조린 음식이다.

은대구조림

· **재료분량** 4인분 기준 · **적정 배식온도** 60~70℃

재료

대구 600g(½마리), 무 200g
청고추 1개
홍고추 1개, 파 20g

———

채소국물
다시마 10g, 양파 30g
무 50g, 물 5컵

———

양념장
고춧가루 1큰술, 간장 3큰술
청주 2큰술, 고추장 1큰술
설탕 1큰술, 물엿 1큰술
다진 생강 ½작은술
다진 마늘 1작은술
후춧가루 ⅛작은술

만드는 방법

1 대구는 비늘을 긁고 지느러미를 자른 후 내장을 빼내고 길이 4~5cm 정도로 어슷 썬다.

2 무는 깨끗이 다듬고 씻어 가로 3cm, 세로 4cm, 두께 1cm 정도로 썰고 청고추, 홍고추는 깨끗이 씻어 길이 2cm 정도로 어슷 썰고, 파도 어슷하게 썬다.

3 냄비에 채소국물 재료를 넣고 3컵이 될 때까지 끓여 체에 걸러 채소국물을 만든다.

4 냄비에 무를 깔고 양념장의 ½양을 끼얹고 대구를 올려놓고 나머지 양념장을 끼얹은 후 둘레에 채소국물을 붓고 센 불에서 끓이다가 중불로 낮추어 끓인다.

5 국물이 자작해지면 국물을 끼얹어 가며 조리다가 홍고추와 청고추, 파를 얹어 살짝 더 조린다.

Chef's Tip

• 무를 얇게 썰면 부서지므로 도톰하게 썬다.
• 홍고추 대신 건홍고추를 넣기도 한다.

담백한 흰살생선을 곱게 다져 완자를 만든 후 우엉과 함께 조린 밑반찬이다.

흰살생선우엉조림

· **재료분량** 4인분 기준 · **적정 배식온도** 15~25℃

재료

동태 살 200g, 소금 ¼작은술
후춧가루 ⅛작은술
청주 ½작은술

청고추 1개, 홍고추 1개
녹말 1큰술

우엉 100g, 식초 1큰술
식용유 1큰술

─────────

조림장
간장 1½큰술, 설탕 ½큰술
꿀 1큰술, 물 1큰술, 청주 1큰술

만드는 방법

1 동태 살은 물기를 제거하고 곱게 다진 다음 소금, 후춧가루, 청주로 밑간을 한다.

2 청고추, 홍고추는 깨끗이 씻어 길이로 반을 잘라 씨와 속을 떼어내고 가로 · 세로 0.3㎝ 정도로 다진다.

3 밑간을 한 다진 동태 살에 청 · 홍고추를 넣고 고루 섞은 다음 지름 2㎝ 정도로 완자를 만든다.

4 생선살 완자에 녹말가루를 입혀 달구어진 팬에 기름을 두르고 굴리면서 지져 익힌다.

5 우엉은 깨끗이 씻어 껍질을 벗기고 길이 3㎝ 정도로 어슷 썬 다음 식초 물에 담갔다가 물기를 뺀 후 달구어진 팬에 식용유를 두르고 볶는다.

6 냄비에 조림장을 넣고 끓으면 우엉을 넣고 조리다가 지진 완자를 넣고 같이 조린다.

Chef's Tip

• 동태 살은 많이 치대서 공기를 빼주어야 완자가 갈라지지 않는다.
• 우엉은 식초물에 담갔다 사용하여야 갈변을 막을 수 있다.
• 조림장을 끼얹어가며 조리면 간도 잘 배고 윤기도 난다.

식용유에 볶은 새우에 데친 그린빈과 함께 고추장 양념장을 넣고 매콤달콤하게 볶아낸 밑반찬이다.

그린빈새우볶음

• **재료분량** 4인분 기준 • **적정 배식온도** 15~25℃

재료

건새우 50g, 그린빈 70g
포도씨유 2큰술

양념장
고추장 ½큰술, 간장 ½큰술
설탕 1작은술, 물엿 1큰술
다진 마늘 1작은술
다진 파 ½큰술

참기름 1작은술, 통깨 1작은술

만드는 방법

1 건새우는 체에 넣고 흔들어 가루를 털어낸다.

2 그린빈은 길이 3cm 정도로 썰고 끓는 물에 소금과 그린빈을 넣어 살짝 데쳐서 찬물에 헹궈 물기를 뺀다.

3 팬을 달구어 식용유를 두르고 준비한 건새우를 볶는다.

4 팬에 양념장을 넣고 끓기 시작하면 새우와 그린빈을 넣고 양념이 잘 섞이도록 고루 섞어 볶은 후 불을 끄고 참기름과 통깨를 뿌린다.

Chef's Tip

• 그린빈은 오래 데치면 색이 노랗게 변한다.
• 건새우는 볶아 사용하면 바삭함과 고소함이 더해진다.

마른 황태를 부드럽게 불려서 양념장에 재운 것을 찹쌀가루를 묻혀 구운 음식이다.

황태찹쌀구이

재료

황태 2마리

양념장
간장 3큰술, 설탕 1큰술
다진 파 1큰술, 다진 마늘 1큰술
생강즙 1큰술, 참기름 1큰술
후춧가루 1작은술

녹말 ½컵, 찹쌀가루 ½컵

간장 1작은술, 생강즙 1큰술
맛술 1큰술, 꿀 1큰술

파 1뿌리, 청고추 ⅔개
홍고추 ½개

식용유 4큰술

만드는 방법

1 황태는 머리와 지느러미, 꼬리를 자르고 물에 잠깐 담갔다가 건져서 물기를 제거한 후 뼈를 떼어내고 껍질 쪽에 칼집을 넣어 길이로 4등분으로 자른 다음 양념장을 발라서 재운다.

2 파는 깨끗이 다듬어 씻어 길이 2㎝, 두께 0.2㎝ 정도로 채를 썰어 물에 10분 정도 담갔다가 물기를 빼고 청·홍고추는 깨끗이 씻어 두께 0.2㎝ 정도로 둥글게 썬다.

3 녹말과 찹쌀가루를 고루 섞어 재워놓은 황태에 고루 묻힌 다음 팬을 달구어 식용유를 넉넉히 두르고, 황태를 넣고 지진다.

4 팬에 간장, 생강즙, 맛술, 꿀을 넣고 끓으면 황태를 넣고 살짝 앞·뒤로 구워낸다.

5 접시에 황태를 담고 채 썬 파와 청·홍고추를 얹는다.

Chef's Tip

• 황태를 물에 너무 오래 담그면 살이 부서질 수 있다.
• 황태 가시는 잘 제거해 주어야 한다.

여러 가지 버섯과 당면을 각각 볶아 한데 섞어 무쳐 고명을 얹은 음식이다.

버섯잡채

• **재료분량** 4인분 기준 • **적정 배식온도** 50~65℃

재료

새송이버섯 100g
느타리버섯 100g(6장)
소금 ¼작은술

표고버섯 6장

표고버섯 양념장
간장 ½큰술, 설탕 1작은술
다진 파 ½작은술
깨소금 ½작은술
참기름 ½작은술
소금 1작은술

양파 60g, 홍고추 ½개
청고추 ⅔개, 식용유 2큰술
통깨 1큰술
당면 60g, 삶는 물 2컵

당면 양념장
간장 1큰술, 설탕 1큰술
참기름 1큰술, 식용유 2큰술

만드는 방법

1 새송이버섯은 깨끗이 씻어 길이 6㎝, 폭·두께 0.5㎝ 정도로 채 썬다.

2 끓는 물에 느타리버섯을 넣고 살짝 데쳐서 물기를 빼고 폭 0.5㎝ 정도로 찢는다.

3 표고버섯은 물에 불려 기둥을 떼고 폭·두께 0.5㎝ 정도로 채 썰어 양념장을 넣고 볶는다.

4 양파는 다듬어 씻어 폭 0.5㎝ 정도로 채 썰고, 청고추와 홍고추는 씻어서 길이로 반을 잘라 씨와 속을 떼어내고 길이 5㎝, 폭 0.3㎝ 정도로 채 썬다.

5 팬을 달구어 식용유를 두르고 느타리버섯과 새송이버섯, 양파와 청고추, 홍고추를 각각 소금을 넣고 볶는다.

6 냄비에 물을 붓고 끓으면 당면을 넣고 6분 정도 삶아 건진 후 달구어진 팬에 당면과 당면 양념장을 함께 넣고 당면을 볶는다.

7 당면과 준비한 재료, 통깨를 함께 넣고 고루 버무린다.

Chef's Tip

• 여러 가지 버섯을 사용할 수 있다.
• 청·홍고추 대신 청·홍피망을 사용할 수 있다.

갖은 채소에 새우를 넣고 고소하고 달콤한 소스로 버무린 음식이다.

양상추새우샐러드

• **재료분량** 4인분 기준 • **적정 배식온도** 4~10℃

재료

양상추 130g
칵테일 새우 150g
오이 100g
노란색 파프리카 50g
주황색 파프리카 50g
무순 10g

소스

땅콩 50g, 매실청 3큰술
간장 2큰술, 식초 3큰술
설탕 2큰술, 생수 3큰술

만드는 방법

1 양상추는 깨끗이 씻은 후 먹기 좋은 크기로 뜯어 냉수에 담갔다가 건져 물기를 뺀다.

2 칵테일 새우는 끓는 물에 살짝 데쳐 식힌다.

3 오이는 두께 0.3㎝ 정도로 동그랗게 썰고, 파프리카는 가로 3㎝, 세로 3㎝ 정도로 썬다.

4 무순은 깨끗이 씻어 물기를 뺀다.

5 믹서에 소스 재료를 넣고 곱게 간다.

6 양상추와 새우, 오이, 무순, 파프리카를 고루 섞어 접시에 담고 소스를 뿌린다.

Chef's Tip

• 여러 가지 다른 채소를 사용할 수도 있다.
• 땅콩 대신 잣이나 호두를 넣기도 한다.
• 손질한 채소는 찬물에 담가두었다 사용하면 싱싱하다.

오이를 살짝 절여 열십자의 칼집을 내어 그 사이에 갖가지 고운 채의 고명을 얹어 만든 물김치이다.

오이소박이물김치

재료

오이 1개(240g), 굵은소금 30g

소금물
물 2컵, 굵은소금 30g

무 30g, 배 20g, 홍고추 ½개
마늘 1개, 생강즙 1작은술
소금 1작은술, 설탕 1작은술

밀가루풀
물 2컵, 밀가루 ½큰술

소금 2작은술, 설탕 1큰술

만드는 방법

1 오이는 소금으로 깨끗이 문질러 씻고 길이 2㎝ 정도로 잘라 열십자로 칼집을 넣은 다음 소금물에 2시간 정도 절인 후 물기를 뺀다.

2 무와 배는 길이 2㎝, 폭 0.2㎝ 정도로 채 썰고 홍고추도 깨끗이 씻어 반으로 잘라 씨와 속을 떼어내고 배와 같은 크기로 채 썬 후 소금에 살짝 절이고 마늘은 깨끗이 다듬어 씻어 곱게 채 썬다.

3 무와 배, 홍고추, 마늘, 생강즙을 고루 섞고 소금과 설탕을 넣고 버무려 오이소를 만든다.

4 절인 오이의 칼집 사이에 오이소를 채운 다음 항아리에 오이를 담는다.

5 밀가루풀을 끓여 식힌 다음 고운 소금과 설탕으로 간을 맞춘 후 항아리에 붓는다.

Chef's Tip

• 오이소박이물김치는 하루 정도 익혀서 먹는 것이 좋다.

4

일본

세계인이 좋아하는 한국음식

일본인이 좋아하는 한식

고기와 두부를 곱게 다져 모양내어 지진 다음 샐러드 채소와 함께 담고 약고추장을 곁들인 음식이다.

육회돌솥비빔밥

· **재료분량** 4인분 기준 · **적정 배식온도** 65~80℃

재료

멥쌀 2½(450g), 물 3컵
소고기(우둔) 200g

육회 양념
간장 ⅔작은술, 소금 1작은술
설탕 1작은술, 다진 파 2작은술
다진 마늘 2작은술
깨소금 ½작은술
후춧가루 ⅛작은술
참기름 1큰술

껍질 벗긴 도라지 200g
소금 1작은술
콩나물 150g, 물 ½컵
애호박 1개, 당근 1개
소금 1작은술

달걀 2개, 소금 ¼작은술
식용유 2큰술

약고추장
고추장 5큰술, 다진 소고기 20g
다진 파 2작은술
다진 마늘 1작은술, 물 5큰술
꿀 ½큰술, 참기름 ½큰술

만드는 방법

1 멥쌀을 씻어 물에 30분 정도 불린 후 건져 물기를 빼고, 냄비에 불린 쌀과 물을 붓고 밥을 짓는다.

2 소고기는 핏물을 제거하고 길이 6cm, 폭·두께 0.3cm 정도로 채 썰어 육회 양념장에 무쳐둔다.

3 도라지는 길이 5cm, 폭·두께 0.3cm 정도로 채 썰어 소금을 넣고 주물러서 10분 정도 두었다가 물에 헹구어 기름 두른 팬에 볶는다. 콩나물은 머리와 꼬리를 떼고 깨끗이 씻어 냄비에 콩나물과 물을 붓고 4분 정도 삶아 건져 식힌다.

4 애호박과 당근은 씻어서 길이 5cm 정도로 자르고, 호박은 돌려 깎아서 두께 0.3cm 정도로 채 썰고, 당근도 같은 크기로 채 썰어 각각 소금을 넣고 절여서 물기를 제거하고 달궈진 팬에 기름을 두르고 볶는다.

5 달걀은 황백으로 지단을 부쳐 길이 5cm, 폭·두께 0.3cm 정도로 채 썬다.

6 팬에 다진 소고기와 다진 파, 다진 마늘, 물을 붓고 볶다가 고기가 익으면 고추장과 꿀, 참기름을 넣고 약불에서 오래 볶아 약고추장을 만든다.

7 돌솥을 달구어 밥을 넣고 볶은 재료를 색깔 맞추어 올리고 육회를 얹은 후 약고추장을 곁들여 낸다.

Chef's Tip

• 돌솥밥에 올리는 육회는 바로 무쳐서 올려야 물이 생기지 않고 부드럽다.
• 채소는 제철 채소를 사용하기도 한다.

김 위에 밥과 여러 가지 재료를 얹고 둥글게 말아서 잘라 먹는 음식이다.

김밥

• **재료분량** 4인분 기준 • **적정 배식온도** 15~25℃

재료

김밥용 김 6장
멥쌀 2컵, 물 2½컵

밥 양념
소금 ¼큰술, 참기름 1큰술
깨소금 1작은술

다진 소고기 100g

소고기 양념
간장 2작은술, 설탕 ½작은술
다진 파 ½작은술
다진 마늘 ¼작은술
깨소금 1작은술
후춧가루 ⅛작은술
참기름 ½작은술

당근 ¼개, 소금 ¼작은술
오이 ½개, 소금 ¼작은술
단무지 70g, 달걀 2개
소금 ¼작은술, 식용유 1큰술

만드는 방법

1 고슬고슬하게 지은 밥에 소금, 참기름, 깨소금을 넣고 밥알이 으깨지지 않도록 가볍게 섞는다.

2 소고기는 핏물을 제거하고 소고기 양념을 넣고 주물러준다.

3 당근은 껍질을 벗기고, 오이는 소금으로 깨끗이 씻어 씨 부분을 제거한 뒤 각각 길이 20cm, 폭·두께 0.7cm로 썰어 소금을 넣어 5분 절인 뒤 물기를 제거한다.

4 달걀은 소금을 넣고 풀어주고, 팬을 달군 뒤 식용유를 둘러 달걀지단을 부쳐 길이로 썰고, 물기를 제거한 오이와 당근을 각각 볶고, 양념한 고기를 볶아 그릇에 펼쳐 식힌다.

5 김발 위에 구운 김을 놓고 밥을 고르게 편 뒤 그 위에 단무지와 준비한 재료를 놓고 둥글게 꼭꼭 말아 썰어준다.

Chef's Tip

• 밥은 질지 않게 지어야 고르게 펼 수 있다.
• 반 자른 김을 중앙에 덧대어 깔고 김밥을 싸면 터지지 않는다.
• 김밥은 꼭꼭 말아야 하고 톱질하듯이 누르지 않고 썬다.
• 여름에는 밥에 단촛물을 섞어 만든다.

콩을 불려서 만든 순두부에 조개 등의 재료를 넣고 끓인 음식이다.

순두부찌개

• **재료분량** 4인분 기준 • **적정 배식온도** 65~80℃

재료

순두부 600g, 물 1½컵
조갯살 200g, 물 3컵
소금 ½작은술

양념장
청장 1큰술, 소금 ½작은술
고춧가루 1½큰술
다진 파 2큰술, 다진 마늘 1큰술
참기름 1½큰술

파 ⅓대, 청고추 1개 , 홍고추 ½개

만드는 방법

1 순두부는 5㎝ 정도로 자르고, 조갯살은 소금물에 가볍게 씻어 체에 밭쳐 물기를 제거하고 분량대로 양념장을 만든다.

2 파와 청 · 홍고추는 깨끗이 씻어 어슷 썬다.

3 조갯살에 양념장의 ½을 넣고 양념한다.

4 냄비에 순두부와 물을 붓고 센 불에 올려 끓으면 중불로 낮추어 5분 정도 더 끓여준다.

5 양념한 조갯살과 남은 양념장 ½을 넣고 2분 정도 끓인 뒤, 청 · 홍고추 와 파를 넣고 한소끔 더 끓여준다.

Chef's Tip

• 조갯살 대신 굴, 돼지고기, 소고기 등을 넣어 끓이기도 한다.
• 연두부도 순두부와 같은 조리법으로 마지막에 넣어 살짝 끓여 먹어도 좋다.
• 참기름 대신 고추기름을 만들어 넣고 끓이면 매콤한 순두부찌개가 된다.
• 매운 음식을 못 먹는 아이들을 위해 고춧가루를 빼고 청장이나 새우젓국 으로만 간하면 맑고 담백한 순두부찌개를 만들 수 있다.

다시마와 멸치, 북어 머리 등을 넣고 육수를 만들어 각종 제철 해물과 채소에 부어 끓여먹는 음식이다.

해물전골

· **재료분량** 4인분 기준 · **적정 배식온도** 65~80℃

재료

새우(中) 150g, 꽃게 300g(1마리)
모시조개 200g, 미더덕 100g

낙지 200g, 소금 1큰술
밀가루 2큰술

콩나물 100g, 무 100g
양파 100g, 파 50g

애호박 100g, 쑥갓 100g
미나리 50g

───────

육수
물 6컵, 다시마 10g, 멸치 30g
북어 머리 2개, 무 100g

───────

양념장
청장 1큰술, 고추장 1큰술
고춧가루 2큰술, 된장 ⅓큰술
다진 파 2큰술
다진 마늘 ⅓큰술
청주 1큰술

만드는 방법

1 새우는 등쪽의 내장을 꺼내어 깨끗이 씻고, 꽃게는 솔로 문질러 씻은 후 등껍질과 모래주머니를 떼어 내고 4등분으로 자른다.

2 모시조개와 바지락은 소금물에 담가 해감하고 미더덕은 씻은 후 꼬치로 구멍을 낸다. 낙지는 머리를 뒤집어서 내장과 눈을 떼어 내고, 소금과 밀가루를 넣고 주물러 깨끗이 씻은 후 길이 5cm 정도로 자른다.

3 콩나물은 꼬리를 떼어 씻고, 무와 양파, 파는 손질하여 씻은 후 무는 가로 3cm, 세로 4cm, 두께 0.5cm 정도로 썰고, 양파는 폭 1cm, 파는 길이 3cm 정도로 어슷 썬다.

4 호박은 씻어서 길이로 반을 잘라 길이 5cm, 두께 0.5cm 정도로 썰고, 쑥갓은 손질하여 길이 7~8cm 정도로 자른다. 미나리는 잎을 떼어 내고 줄기만 다듬어 씻어서 길이 4cm 정도로 자른다.

5 냄비에 물을 붓고 다시마와 멸치, 북어 머리, 무를 넣고 끓으면 다시마는 건져 내고 중불에서 20분 정도 끓인 후 체에 걸러 육수를 만든다.

6 전골냄비에 해물과 채소를 돌려 담고 육수를 부어 끓으면, 양념장을 넣고 중불에서 10분 정도 끓여 맛이 우러나면 파와 미나리, 쑥갓을 넣고 소금으로 간하여 한소끔 더 끓인다.

Chef's Tip

• 전골은 끓이면서 먹는 음식이므로 육수의 양은 기호에 따라 더한다.
• 미더덕은 터뜨려 넣어야 먹는 사람이 입을 데지 않는다.

영계의 배 속에 찹쌀·인삼·대추·마늘을 함께 넣고 푹 삶아 만든 탕으로 원기회복에 좋은 보양 음식이다.

삼계탕

· **재료분량** 4인분 기준 · **적정 배식온도** 65~80

재료

영계 4마리
찹쌀 1컵

황기물
황기 4뿌리, 물 15컵

수삼 4뿌리
마늘 4개
대추 4개
파(송송 썬 것) 20g
소금 1큰술
후춧가루 ⅛작은술

만드는 방법

1 영계는 내장과 기름을 떼어 내고 깨끗이 씻는다.

2 찹쌀은 깨끗이 씻어 물에 30분 정도 불린 후 물기를 빼고 황기는 씻어서 물에 2시간 정도 불린다.

3 수삼은 깨끗이 씻은 후 뇌두를 자르고, 마늘과 대추는 깨끗이 씻는다.

4 냄비에 황기와 물을 붓고 센 불에 20분 정도 올려 끓으면, 중불로 낮추어 40분 정도 끓인 다음 체에 밭쳐 황기물을 만든다.

5 영계의 배 속에 불린 찹쌀과 수삼 · 마늘 · 대추를 채워 넣고, 다리 쪽 껍질에 칼집을 넣어 내용물이 나오지 않도록 닭다리를 엇갈리게 끼운다.

6 냄비에 영계와 황기물을 붓고 끓으면 중불에서 50분 정도 더 끓여 닭이 익으면 그릇에 담고 썰어놓은 파와 소금 · 후춧가루를 함께 낸다.

Chef's Tip

• 영계를 너무 오래 삶으면 살이 으깨져서 질감이 좋지 않다.
• 오골계를 사용해서 끓이기도 한다.

잘 익은 김치에 돼지고기를 넣고 끓인 찌개로 한국의 대표적인 찌개이다. 두부, 육류, 해산물 등 넣는 재료에 따라 색다른 맛을 느낄 수 있으며, 오래 숙성시킨 김치로 끓여야 제맛을 낸다.

김치찌개

• **재료분량** 4인분 기준 • **적정 배식온도** 65~80℃

재료

배추김치 300g(¼포기)
돼지고기(목등심) 150g

양념
고춧가루 1작은술, 다진 마늘 1큰술
생강즙 1큰술, 청주 1큰술
후춧가루 ⅛작은술

찌개 국물
물 8컵, 무 100g, 양파 100g
다시마 20g

참기름 1큰술
두부 ⅓모, 홍고추 1개
파 20g, 소금 ½작은술

만드는 방법

1 배추김치는 속을 털어내고 꼭 짜서 가로·세로 3cm 정도로 썬다.

2 돼지고기는 핏물을 제거하고, 가로·세로 3.5cm, 두께 0.3cm 정도로 썰고 배추김치와 돼지고기를 한데 넣고 양념을 넣어 재운다.

3 찌개 국물용 무와 양파는 껍질을 벗기고 씻은 후 무는 가로·세로 3cm, 두께 0.5cm 정도로 썰고, 양파는 폭 1cm 정도로 채 썰고, 다시마는 젖은 면포로 닦는다.

4 냄비에 물을 붓고 무와 양파, 다시마를 넣고 끓으면 다시마를 건져 내고 중불에서 20분 정도 더 끓인 후 체에 걸러 찌개 국물을 만든다.

5 냄비를 달구어 참기름을 두르고 배추김치와 돼지고기를 넣어 볶다가 찌개 국물을 붓고 30분 정도 끓인다.

6 홍고추와 파는 씻은 후 길이 2cm 정도로 어슷 썰고 두부는 가로 2.5cm, 세로 3cm, 두께 1cm 정도로 썬다.

7 소금으로 간을 맞추고, 두부와 홍고추, 파를 넣고 한소끔 더 끓인다.

Chef's Tip

• 김치찌개는 잘 익은 김치로 끓어야 맛이 좋다.
• 기호에 따라 고춧가루를 더 넣기도 하고 김칫국물을 넣기도 한다.

살아있는 싱싱한 꽃게에 양념간장을 끓여 식힌 후 부어서 숙성시켜 먹는 음식이다.

간장게장

• **재료분량** 4인분 기준 • **적정 배식온도** 60~70℃

재료

꽃게(암꽃게) 5마리
소주 1컵

────────

육수
다시마(가로·세로 10㎝) 1장
건표고버섯 3개, 마늘 50g
생강 30g, 건고추 5개, 파 1대
통후추 1큰술, 감초 3쪽
물 10컵

────────

양념장
간장 3컵, 참치액젓 ⅓컵
육수 6컵, 매실청 ½컵
청주 ½컵

만드는 방법

1 냄비에 다시마를 뺀 육수 재료들을 넣고 센 불에 올려 끓으면 중불로 낮추어 20분 정도 끓인 뒤 다시마를 넣고 불을 끈 다음 10분 뒤 면포에 걸러 육수를 준비한다.

2 꽃게는 솔로 문질러 깨끗이 씻은 뒤 모래주머니를 떼어내고 다리 끝마디를 자른 다음 소주를 부어 30분 놓아둔다.

3 양념장을 만들어 5분 정도 끓인 다음 식힌다.

4 저장 용기에 손질된 꽃게를 담고 양념장을 부은 뒤 꽃게가 떠오르지 않도록 누름돌로 눌러준다.

5 3일 뒤 양념장만 따라내어 끓여서 식힌 뒤 다시 부은 다음 1~2일 지나 먹는다.

Chef's Tip

• 살아 있는 게를 사용하는 것이 좋고, 살아 있는 게를 급냉동했다가 사용한다.
• 만든 뒤 5~10일 이내에 먹는 것이 좋고, 5일 이후에 꽃게와 국물을 분리하여 냉동 보관하면 오랫동안 맛이 유지될 수 있다.

오이에 칼집을 넣고 소고기 · 표고버섯 · 황 · 백지단 등을 고명으로 넣어 단촛물을 뿌려 먹는 새콤달콤한 음식이다.

오이선

재료

오이 1개, 물 1컵, 소금 1작은술
소고기 30g, 표고버섯(불린 것) 2장

소고기 · 버섯 양념장
간장 1작은술, 설탕 1작은술
다진 파 ½작은술
다진 마늘 1¼작은술
깨소금 ½작은술
후춧가루 ⅛작은술
참기름 ½작은술

달걀 1개, 식용유 2작은술
실고추 0.1g

단촛물
소금 1작은술, 설탕 2큰술
식초 4큰술, 물 1큰술

만드는 방법

1 오이는 깨끗이 씻은 후 길이로 2등분하여, 껍질 쪽에 폭 0.5cm 정도의 간격으로 비스듬히 칼집을 세 번 넣고, 네 번째에 자른 다음 소금물에 넣고 15분 정도 절여서 물기를 제거한다.

2 소고기는 핏물을 제거하고, 길이 2.5cm, 폭·두께 0.2cm 정도로 곱게 채 썰고, 표고버섯은 기둥을 떼고 소고기와 같은 크기로 채 썰어 소고기와 함께 소고기 · 버섯 양념장을 넣고 양념한다.

3 달걀은 황·백지단을 부쳐, 소고기와 같은 크기로 채 썰고, 실고추는 길이 1cm 정도로 잘라놓고 단촛물 재료는 한데 넣고 섞어서 단촛물을 만든다.

4 팬을 달구어 식용유를 두르고, 절인 오이를 넣어 센 불에서 30초 정도 볶아서 식히고 소고기와 표고버섯은 중불에서 각각 2분 정도 볶는다.

5 오이의 칼집 사이에 황·백지단, 볶은 소고기와 표고버섯 순으로 채워 넣는다. 오이 위에 실고추를 고명으로 얹고 단촛물을 끼얹어 낸다.

Chef's Tip

- 오이는 센 불에서 살짝 볶아야 색이 파랗고 예쁘다.
- 단촛물은 먹기 직전에 뿌려야 갈변되지 않으며, 단촛물은 끼얹지 않고 함께 내기도 한다.
- 오이가 충분히 절여져야 소를 넣을 때 잘 들어간다.
- 선(膳)은 좋은 음식을 뜻하는 것으로 원래는 찜의 조리법에 해당한다.

청포묵과 소고기 · 미나리 · 숙주 · 달걀 등이 들어가 오색의 고명이 화려하게 어우러진 음식이다.

탕평채

· **재료분량** 4인분 기준 · **적정 배식온도** 4~10℃

재료

청포묵 300g(1모)
참기름 ½작은술, 소금 ½작은술
숙주 100g, 미나리 50g, 물 2컵
소금 ¼작은술, 홍고추 ¼개
소고기(우둔) 100g

───────

소고기 양념장

간장 2작은술, 설탕 ½큰술
다진 파 1작은술
다진 마늘 ½작은술
깨소금 ½작은술
후춧가루 ⅛작은술
참기름 ½작은술

김 1장, 달걀 1개, 소금 ¼작은술
식용유 1작은술

───────

초간장

간장 2작은술, 식초 2큰술
설탕 1큰술, 깨소금 1작은술

만드는 방법

1 청포묵은 길이 7㎝, 폭·두께 0.5㎝ 정도로 썬 다음 끓는 물에 넣고 투명해지면 체로 건져서 찬물에 헹구어 물기를 빼고 소금과 참기름을 넣어 양념한다.

2 숙주는 머리와 꼬리를 떼고, 미나리는 잎을 떼어 내고 씻는다. 홍고추는 씻어서 길이로 반을 잘라 씨와 속을 떼어내고 길이 3㎝, 폭·두께 0.3㎝ 정도로 채 썬다.

3 숙주는 끓는 물에 소금을 넣고 2분 정도 데치고, 미나리는 1분 정도 데쳐서 찬물에 헹구어 길이 4㎝ 정도로 자른다.

4 소고기는 핏물을 제거하고, 길이 5㎝, 폭·두께 0.3㎝ 정도로 채 썰어, 소고기 양념장을 넣고 양념한다.

5 달걀은 황·백지단을 부쳐, 길이 4㎝, 폭·두께 0.3㎝ 정도로 채 썬다.

6 팬을 달구어 식용유를 두르고 소고기를 넣어, 중불에서 볶는다. 김은 살짝 구워서 길이 4㎝, 폭·두께 0.3㎝ 정도로 자른다.

7 청포묵과 소고기·숙주·미나리에 초간장을 넣고 살살 무치고, 홍고추와 김, 황·백지단을 고명으로 얹는다.

Chef's Tip

· 먹기 직전에 무쳐야 국물이 덜 생기며, 무쳐 내지 않고 초간장과 함께 내기도 한다.
· 청포묵만 가늘게 채 썰어 소금과 참기름, 김가루를 넣고 무치기도 한다.
· 어느 쪽에도 치우침이 없이 고르다는 뜻을 지닌 '탕탕평평(蕩蕩平平)'이란 말에서 유래되었다.

잡채에 새우, 오징어, 패주, 해삼 등 해산물을 넣어 감칠맛과 담백함을 더한 음식이다.

궁중해물잡채

재료

오징어 250g(½마리)
패주 3개
새우(中) 150g
불린 해삼 ½마리
죽순 60g, 양파 50g
청피망 100g, 홍피망 40g

향채 : 양파 40g, 마늘 5g

소금 ¼작은술
식용유 2큰술

당면 100g, 당면 양념장
간장 2큰술, 소금 ¼작은술
설탕 2큰술

식용유 4큰술

양념
소금 ¼작은술, 통깨 2큰술
흰후춧가루 ⅛작은술
참기름 2큰술

만드는 방법

1 오징어는 손질하여 몸통과 다리의 껍질을 벗겨 깨끗이 씻어 몸통의 안쪽에 폭 0.3cm 간격으로 사선으로 칼집을 넣어 길이 5cm, 폭 0.5cm 정도로 채 썰고, 다리는 길이 5cm 정도로 자른다.

2 패주는 씻어서 폭 · 두께 0.5cm 정도로 채 썰고, 새우는 등쪽의 내장을 꺼내어 깨끗이 씻고 불린 해삼은 내장을 떼어 내고 씻어서 모양을 살려 길이 5cm, 폭 0.5cm 정도로 채 썬다.

3 죽순은 길이 5cm, 두께 0.2cm 정도로 빗살 모양을 살려 썰고, 양파도 같은 크기로 썰고 청 · 홍피망은 씨와 속을 떼어 내고 길이 5cm, 두께 0.2cm 정도로 채 썬다.

4 끓는 물에 향채와 소금, 해물을 함께 넣고 데쳐서 한김 나가면, 새우는 껍질을 벗기고 길이로 반을 자른다.

5 끓는 물에 당면을 넣고 10분 정도 삶아 건져서 길이 20cm 정도로 자른 후 당면 양념장을 넣고 무친 다음 팬을 달구어 식용유를 두르고, 중불에서 당면을 넣고 2분 정도 볶아서 그릇에 펼쳐 식힌다.

6 팬을 달구어 식용유를 두르고 죽순과 양파, 청 · 홍피망은 소금을 넣고 각각 볶아서 그릇에 펼쳐 식힌다.

7 볶은 당면과 해물, 채소를 한데 넣고 섞은 후 양념을 넣어 고루 버무린다.

Chef's Tip

• 당면을 삶을 때 식용유를 넣고 삶으면 면이 달라붙지 않는다.
• 해물과 채소의 종류는 가감할 수 있다.

삶은 당면에 우엉과 채소를 볶아 넣고 함께 무쳐서 만든 음식이다.

우엉잡채

• **재료분량** 4인분 기준 • **적정 배식온도** 15~25℃

재료

우엉 200g

우엉양념
들기름 3큰술, 간장 2큰술
조청 1큰술, 물엿 1큰술

당면 150g, 당면 양념장
간장 2큰술
육수 또는 물 1컵
흑설탕 2큰술

청고추 3개, 홍고추 2개
흑임자 1작은술
식용유 1큰술
후춧가루 ⅛작은술
참기름 1큰술

만드는 방법

1 우엉은 껍질을 벗기고 씻어 길이 6cm, 폭·두께 0.2cm 정도로 채 썬다.

2 청·홍고추는 씻어서 길이로 반을 잘라 씨와 속을 떼어 내고 길이 5cm, 폭 0.2cm 정도로 채 썬다.

3 당면은 물에 담가 2시간 정도 불린 후 길이 20cm 정도로 자른다.

4 팬을 달구어 식용유를 두르고 청·홍고추를 넣어 각각 20초 정도 볶아 식힌다.

5 팬을 달구어 들기름을 두르고 우엉을 넣고 볶아서 우엉이 거의 익으면 간장과 조청을 넣고 조려 간이 배어들면 물엿을 넣고 고루 섞는다.

6 팬에 간장과 흑설탕, 육수를 붓고 끓으면 불린 당면을 넣고 국물이 없어질 때까지 볶는다.

7 볶은 당면에 우엉을 넣고 섞은 후 한김 나가면 청·홍고추와 흑임자, 후춧가루, 참기름을 넣고 고루 섞는다.

Chef's Tip

• 우엉은 쉽게 갈변되므로 식촛물에 담가 두면 좋다.
• 채소를 볶을 때 강한 불에서 재빨리 볶아 펼쳐 식혀야 색이 변하지 않는다.
• 우엉의 아삭한 질감과 당면의 부드러움이 어우러진 음식이다.
• 소고기를 채 썰어 볶아 넣어도 좋다.

흰떡과 소고기, 여러 가지 채소를 넣고 간장 양념에 볶은 음식이다.

궁중떡볶이

• **재료분량** 4인분 기준 • **적정 배식온도** 65~70℃

재료

흰떡 300g, 참기름 1큰술
숙주 60g, 물 2컵, 소금 1작은술
말린 호박오가리 20g
청고추 1개, 홍고추 1개
양파 50g, 소고기(우둔) 100g
표고버섯(불린 것) 3장

소고기 · 버섯 양념장

간장 ½큰술, 설탕 ½큰술
다진 파 1작은술
다진 마늘 1작은술
후춧가루 ⅛작은술
참기름 1작은술

달걀 1개, 식용유 1큰술

양념장

간장 1큰술, 설탕 ½큰술
꿀 1작은술, 다진 파 1작은술
다진 마늘 ½작은술
참기름 1작은술, 물 ¼컵

만드는 방법

1 흰떡은 길이 5㎝ 정도로 자르고, 다시 길이로 4등분하여, 참기름을 넣고 무친다.

2 숙주는 머리와 꼬리를 떼고, 호박오가리는 물에 불려서 길이 5㎝, 폭 0.7㎝ 정도로 채 썬다. 청 · 홍고추는 씻어서 길이로 반을 잘라 씨와 속을 떼어 내고 길이 5㎝, 폭 0.5㎝ 정도로 채 썰고, 양파는 손질하여 씻은 후 폭 0.7㎝ 정도로 채 썬다.

3 숙주는 끓는 물에 소금을 넣고 2분 정도 데쳐 식힌다.

4 소고기는 핏물을 제거하고, 길이 5㎝, 폭 · 두께 0.3㎝ 정도로 채 썰고, 표고버섯은 소고기와 같은 크기로 채 썰어 소고기 · 버섯 양념장을 넣고 양념한다.

5 팬을 달구어 식용유를 두르고, 호박오가리와 양파, 청 · 홍고추, 소고기, 표고버섯 순으로 볶아서 그릇에 펼쳐 식힌다.

6 달걀은 황 · 백지단을 부쳐, 길이 5㎝, 폭 0.7㎝ 정도로 채 썬다.

7 팬에 흰떡과 양념장을 넣고, 중불에 볶아서 떡이 익으면, 소고기와 표고버섯, 호박오가리, 양파, 청 · 홍고추, 숙주를 넣고 살짝 볶은 후 불을 끄고, 황 · 백지단을 넣어 고루 섞는다.

Chef's Tip

• 호박오가리 대신 당근을 넣기도 한다.
• 굳은 흰떡은 끓는 물에 데쳐서 사용하고, 떡볶이용 떡을 사용하면 편리하다.
• 궁중에서 즐겨 먹었던 음식으로 소고기와 함께 떡과 채소를 곁들여 영양적으로도 완벽한 음식이다.

갈빗살을 곱게 다지고 양념하여 치댄 후 갈비뼈 대신 새송이버섯에 도톰하게 붙여 구운 음식이다.

새송이떡갈비구이

· **재료분량** 4인분 기준 · **적정 배식온도** 70~75℃

재료

소갈빗살 200g
돼지고기(삼겹살) 100g

새송이버섯 2개

___

새송이버섯 양념
소금 ¼작은술, 참기름 1큰술

양파 60g, 표고버섯 20g
은행 4개, 식용유 ½작은술

___

양념장
간장 1½큰술, 소금 ½작은술
설탕 1큰술, 다진 파 2작은술
다진 마늘 1작은술
후춧가루 ⅛작은술
참기름 1작은술, 배즙 ½컵

밀가루 2큰술, 식용유 1큰술

만드는 방법

1 소갈빗살과 돼지고기는 핏물을 제거하고 힘줄을 제거한 후 곱게 다진다.

2 새송이버섯은 길이 10cm 정도로 밑동을 자르고, 두께 1cm 정도로 길이로 저며 썰어서 양념을 바르고 양파는 손질하여 씻은 후 폭·두께 0.2cm 정도로 다지고, 표고버섯은 물에 불려서 기둥을 떼고 물기를 닦아 곱게 다진다.

3 팬을 달구어 식용유를 두르고 은행을 넣어 중불에 굴려 가며 볶아서 파랗게 익으면 껍질을 벗긴다.

4 팬을 달구어 다진 양파를 넣고 중불에서 볶아서 물기를 짜고, 다진 소갈 빗살과 돼지고기, 표고버섯을 한데 섞어서 양념장을 넣고 간이 배도록 치댄다.

5 새송이버섯에 밀가루를 묻히고 양념한 떡갈빗살을 길이 7cm, 두께 1.5cm 정도로 붙인 후 중앙에 은행을 박는다.

6 팬을 달구어 식용유를 두르고 떡갈비를 넣어 앞·뒷면을 고루 굽는다.

Chef's Tip

· 새송이버섯 대신 갈비뼈에 양념한 갈빗살을 붙여서 굽기도 한다.
· 고기를 섞어서 찰기가 생기도록 많이 치대주어야 갈라지지 않는다.
· 떡을 치듯이 쳐서 만들었다고 하여 떡갈비라 부르게 되었고 갈빗살을 다져서 만들었기 때문에 고기 맛이 연하고 부드럽다.

밀가루 반죽 위에 파를 듬뿍 얹고 그 위에 조갯살·굴·홍합 등을 사이사이에 얹은 다음 다시 밀가루 반죽과 달걀물을 고루 뿌려 기름에 지진 음식이다.

해물파전

재료

홍합 살 100g, 새우 살 70g
굴 70g, 물 5컵, 소금 ½작은술

양념
소금 1작은술
후춧가루 ⅛작은술

쪽파 200g, 청고추 1개
홍고추 1개

반죽
밀가루 1컵, 멥쌀가루 ⅓컵
소금 ¼작은술
멸치다시물 1컵

달걀 1개, 식용유 ½컵

초간장
간장 1큰술, 식초 1큰술
물 1큰술

만드는 방법

1 해물은 소금물에 씻어서 물기를 빼고, 양념을 넣고 간하여 10분 정도 재운다.

2 쪽파는 손질하여 씻어 길이 10cm 정도로 썰고 청 · 홍고추는 씻어서 어슷 썬다.

3 밀가루에 멥쌀가루, 소금, 멸치다시물을 붓고 고루 섞어 파전 반죽을 만들고 달걀은 풀어 놓는다.

4 팬을 달구어 식용유를 두르고, 중불에서 반죽을 반 국자 정도 떠서 놓고 지름 10cm, 두께 0.8cm 정도로 둥글게 만든다.

5 반죽 위에 쪽파를 펴서 놓고, 준비한 해물과 청 · 홍고추를 얹고 다시 반죽을 반 국자 정도 떠서 골고루 뿌린다.

6 파전 반죽이 반쯤 익으면 풀어놓은 달걀물을 뿌리고 밑면이 익으면, 뒤집어서 지진 다음, 초간장과 함께 낸다.

Chef's Tip

• 새우 살 대신 조갯살을 넣기도 한다.
• 기름을 충분히 사용하여 지져야 바삭하다.
• 밀가루 대신 멥쌀가루나 찹쌀가루를 사용할 수 있다.

슬라이스된 훈제연어에 수삼과 셀러리, 파프리카, 무순 등을 넣고 말아 수삼소스에 찍어먹는 음식이다.

연어수삼말이

· 재료분량 4인분 기준 **· 적정 배식온도** 4~10℃

재료

훈제연어(슬라이스) 16장
수삼 2뿌리
노란색 파프리카 1개
붉은색 파프리카 1개
셀러리 1대, 무순 1팩

수삼소스

수삼 ½뿌리, 양파 25g
파인애플(통조림) 30g
레몬즙 1큰술
설탕 1작은술
소금 ⅛작은술
레몬(저민 것) ½개

만드는 방법

1 수삼은 손질하여 깨끗이 씻은 후 뇌두를 자르고 길이 5㎝, 폭 · 두께 0.3㎝ 정도로 채 썬다.

2 노란색 · 붉은색 파프리카는 반으로 잘라 씨와 속을 떼어 내고 수삼과 같은 크기로 채 썬다.

3 무순은 씻고, 셀러리는 줄기의 섬유질을 벗겨 내고 수삼과 같은 크기로 채 썬다.

4 수삼소스용 수삼과 양파는 손질하여 씻은 후 믹서에 넣고 갈아서 수삼소스를 만든다.

5 연어에 수삼과 파프리카, 셀러리, 무순을 넣고 돌돌 말아서 한입 크기로 만든 다음 그릇에 레몬을 깔고 연어를 담아서 수삼소스를 뿌려낸다.

Chef's Tip

· 파프리카 대신 피망이나 홍고추를 사용하기도 한다.
· 수삼소스는 만들어 20분 정도 숙성하여 사용하면 맛과 향이 부드럽다.

양상추와 수삼, 오이, 양파, 적채에 구운 불고기를 얹고 매실소스를 뿌려 먹는 음식이다.

매실수삼불고기샐러드

재료

소고기(등심) 200g

불고기 양념장
간장 1큰술, 설탕 ½작은술
다진 파 2작은술
다진 마늘 ½큰술
깨소금 ½큰술
후춧가루 ¼작은술
참기름 1큰술

양상추 ½개, 오이 ½개
양파 50g, 적채 20g
수삼 1뿌리, 홍피망 20g

매실소스
매실청 4큰술, 간장 2큰술
설탕 2작은술, 깨소금 2작은술
식초 3큰술, 참기름 2큰술

만드는 방법

1 소고기는 핏물을 제거하고, 기름과 힘줄을 떼어 낸 후, 결의 반대방향으로 가로 5㎝, 세로 4㎝, 두께 0.3㎝ 정도로 썰어서 불고기 양념장에 30분 정도 재운다.

2 양상추는 씻어서 한입 크기로 뜯고 찬물에 담갔다가 건져서 물기를 뺀다.

3 오이는 씻어 길이로 2등분하여 폭 0.2㎝ 두께로 어슷 썰고, 양파와 적채, 홍피망은 손질하여 씻은 후 폭 0.2㎝ 두께로 채 썬다.

4 수삼은 손질하여 씻은 후 뇌두를 자르고 길이 5㎝, 폭·두께 0.3㎝ 정도로 채 썰어 찬물에 담갔다 건져서 물기를 게거한다.

5 팬을 달구어 양념에 재운 소고기를 넣고 구워서 식힌다.

6 그릇에 양상추와 오이, 양파, 적채, 수삼, 홍피망을 고루 섞어서 담고, 구운 불고기를 얹어 먹기 직전에 매실 소스를 뿌려 낸다.

Chef's Tip

• 채소는 기호에 따라 달리하기도 한다.
• 매실소스는 기호에 따라 양을 가감한다.

김칫소에 유자를 썰어 넣어 유자 향을 낸 김치로 맛이 시원하고 향긋하다.

유자김치

재료

배추 2통, 물 20컵
굵은소금 4⅓컵
무 1개, 미나리 100g
쪽파 200g, 갓 200g
유자 1개, 석이버섯 4g

김치양념

고춧가루 1⅓컵, 멸치액젓 ¾컵
소금 2큰술, 설탕 1큰술
파 200g, 다진 마늘 80g
다진 생강 3큰술

찹쌀풀

물 1컵, 찹쌀가루 2큰술

김칫국물

물 ½컵, 소금 ½작은술

만드는 방법

1 배추는 다듬어서 길이로 반을 잘라 굵은소금의 ½양은 배추 줄기 사이에 켜켜이 뿌리고, 나머지 굵은소금의 ½양은 물에 넣고 섞어서 소금물을 만들어 배추를 넣고 4시간 정도 뒤집어가며 절인 다음 깨끗이 씻어 건져서 1시간 정도 물기를 뺀다.

2 무는 깨끗이 씻고, 길이 5㎝, 폭·두께 0.3㎝ 정도로 채 썰고 미나리는 잎을 떼어 내고, 쪽파와 갓도 손질하여 씻어서 길이 4㎝ 정도로 자른다.

3 유자는 씻어서 껍질을 벗기고 껍질과 속껍질은 저며서 분리한 후 겉껍질만 길이 4㎝, 폭·두께 0.2㎝ 정도로 채 썬다. 석이버섯은 물에 불려서 배꼽을 떼고 깨끗이 비벼 씻어서 폭 0.2㎝ 정도로 채 썬다.

4 김치양념용 파는 손질하여 씻은 후 길이 4㎝, 폭 0.2㎝ 정도로 채 썬다.

5 냄비에 물과 찹쌀가루를 넣고 풀어서, 센 불에 5분 정도 저으면서 끓여 식혀서 찹쌀풀을 만들어 김치양념용 멸치액젓에 찹쌀풀과 고춧가루를 넣어 10분 정도 불린 후 나머지 양념 재료를 넣고 섞어서 김치양념을 만든다.

6 무채에 김치양념을 넣고 버무려 색을 들인 후 미나리와 쪽파, 갓, 유자채, 석이버섯채를 넣고 가볍게 버무려 김칫소를 만든다.

7 절인 배추 사이사이에 버무려 놓은 김칫소를 켜켜이 펴 넣고, 양념이 흘러 나오지 않도록 배추 겉잎으로 돌려 감아서 항아리에 담고, 절인 배추 우거지로 위를 덮은 후 김칫국물을 만들어 붓는다.

Chef's Tip

• 배추김치는 4~5℃에서 숙성 발효시키는 것이 맛과 영양이 가장 좋다.
• 까나리액젓, 참치액젓을 사용해도 된다.

5

베트남

세계인이 좋아하는 한국음식

베트남인이 좋아하는 한식

닭가슴살, 새우, 은행 등의 재료를 올려 간장 양념장에 비벼 먹는 비빔밥의 일종이다.

보양골동반

· **재료분량** 4인분 기준 · **적정 배식온도** 50~65℃

재료

쌀 2½컵, 물 3컵
닭가슴살 50g
소금 ¼작은술
후춧가루 ⅛작은술

표고버섯(불린 것) 3개
오이 ⅓개, 소금 ¼작은술
새우 50g
은행 3큰술, 식용유 1큰술
밤 3개
들기름 2큰술

양념장
간장 3큰술, 다시마물 1큰술
참기름 1큰술
깨소금 1작은술

잣 1작은술

만드는 방법

1 멥쌀은 깨끗이 씻어 30분 정도 불려 냄비에 물과 함께 넣고 센 불에 올려 끓으면 4분 정도 더 끓이고, 중불로 낮추어 3분 정도 끓이다가 약불로 낮추어 10분 정도 끓인다.

2 닭가슴살은 가로·세로 1cm 정도로 깍둑 썰어 소금과 후춧가루로 밑간 한다.

3 표고버섯은 기둥을 떼어내고 물기를 제거하고 가로·세로 1cm 정도로 썬다. 오이는 소금으로 비벼 씻어 길이 1cm 정도로 자르고, 두께 0.5cm 정도로 돌려 깎아 폭 1cm 크기로 자른 다음 소금을 뿌려 절인 후 물기를 닦는다.

4 새우는 깨끗이 씻어 등쪽 내장을 빼내고 머리와 꼬리를 떼어 내고 껍질을 벗긴 다음 길이로 2등분한다.

5 팬을 달구어 식용유를 두르고 은행을 넣고 파랗게 볶아 껍질을 벗기고 잣은 고깔을 떼고 밤은 껍질을 벗겨 4등분한다.

6 팬은 달구어 들기름을 두르고 닭가슴살과 표고버섯, 오이, 새우, 밤을 넣고 각각 볶는다.

7 그릇에 밥을 담고, 그 위에 볶은 재료를 색깔 맞춰 돌려 담고 잣을 올린 다음 양념장을 곁들여 낸다.

Chef's Tip

· 식성에 따라 양념장에 청양고추를 다져 넣거나 양념고추장에 비벼 먹기 도 한다.

밥에 김치와 해물을 넉넉히 넣고 볶은 음식이다.

김치해물볶음밥

· **재료분량** 4인분 기준 · **적정 배식온도** 50~65℃

재료

흰밥 660g
배추김치 150g
완두콩 30g
양파 ½개
칵테일새우 200g
청고추 1개
홍고추 1개

굴소스 2큰술
소금 1작은술
후추 1작은술

라이스페이퍼 20g
식용유 5컵

만드는 방법

1 배추김치는 속을 털어내고 꼭 짜서 가로 · 세로 1㎝ 정도로 썬다.

2 양파와 청 · 홍고추는 다듬어 씻어서 가로 · 세로 0.5㎝ 정도로 썬다.

3 팬을 달구어 식용유를 두르고 양파와 새우를 넣고 각각 1분 정도 볶는다.

4 팬을 달구어 썰어놓은 김치와 굴소스를 넣고 볶다가 밥을 넣고 볶는다. 청 · 홍고추와 완두콩, 볶은 양파와 새우를 넣고 한 번 더 볶은 후 소금과 후추로 간한다.

5 팬에 식용유를 붓고 센 불에 올려 기름 온도가 200℃ 정도가 되면 라이스페이퍼를 망에 놓고 눌러 튀겨서 꽃 모양으로 튀긴 다음 볶은 밥을 라이스페이퍼에 담는다.

Chef's Tip

• 볶음밥은 고슬고슬한 것이 좋다.
• 큰 칵테일 새우는 적당한 크기로 잘라서 사용한다.
• 라이스페이퍼는 튀길 때 재빨리 튀겨 내야 모양이 예쁘다.
• 잘 익은 배추김치를 사용하면 맛이 더 좋다.

따끈한 닭 육수에 국수를 말고 황·백지단과 볶은 애호박을 고명으로 올린 음식이다.

닭장국수

· **재료분량** 4인분 기준 · **적정 배식온도** 65~80℃

재료

닭 1마리, 물 20컵(4ℓ)
소금 1½큰술

향채 : 마늘 5쪽, 생강 10g
파 3뿌리

___

양념
간장 1작은술, 소금 ½작은술
다진 파 1큰술
다진 마늘 2작은술
참기름 1½작은술
후춧가루 ¼작은술

애호박 ⅓개, 숙주 100g
달걀 1개
식용유 1작은술

국수(소면) 300g

만드는 방법

1 냄비에 깨끗이 손질한 닭과 물을 붓고 센 불에 올려 끓으면, 위에 뜬 거품을 걷어내면서 20분 정도 끓이다 향채를 넣고 중불에서 40분 정도 끓인 다음 닭은 건지고 국물은 식혀 면포에 걸러서 간을 맞춘다.

2 닭 살은 발라 길이 3cm, 폭·두께 0.5cm 정도로 찢고 양념을 넣고 무친다.

3 애호박은 길이 4cm로 두께 0.3cm로 돌려 깎아 폭 0.3cm로 채 썬 다음 소금에 절였다가 물기를 제거하고 숙주는 깨끗이 씻어 놓는다.

4 달걀은 황·백지단을 부쳐 길이 3cm, 폭 0.3cm 정도로 채 썬다.

5 국수는 끓는 물에 삶아서 찬물에 헹구어 사리를 만들고 채반에 건져 물기를 뺀다.

6 팬을 달구어 식용유를 두르고 애호박을 볶아 낸다.

7 그릇에 국수사리를 담아 뜨거운 닭 육수를 붓고, 양념해 놓은 닭 살과 애호박, 황·백지단, 숙주를 얹는다.

Chef's Tip

· 닭을 삶을 때 향채를 넣어야 좋지 않은 특유의 냄새가 제거된다.
· 국수를 삶을 때는 옆에 찬물을 받아두었다가 끓어오르려고 할 때 ½컵씩 2번 정도 끼얹어 삶아낸다.

꽃게, 새우, 오징어, 미더덕 등 여러 해산물과 채소를 넣고 끓이다가 국수를 올려 만든 음식이다.

국수해물전골

· **재료분량** 4인분 기준 · **적정 배식온도** 65~85℃

재료

꽃게 1마리, 새우(中) 300g
오징어 1마리, 바지락 200g
미더덕 100g
콩나물 100g, 무 ⅓개
미나리 50g, 쑥갓 40g
파 3뿌리
청고추 2개
홍고추 1개, 양파 ½개
국수 300g

전골국물 6컵
물 7컵, 다시마 10g

전골 양념장
청장 1큰술
굵은 고춧가루 1큰술
고운 고춧가루 2큰술
다진 마늘 1작은술
소금 ½작은술
후춧가루 ¼작은술

만드는 방법

1 꽃게는 깨끗이 씻어 등껍질과 아가미, 모래주머니를 떼고 다리 끝을 자른 다음 4~6등분하고, 새우는 등쪽의 내장을 꺼내어 씻는다.

2 오징어는 배를 갈라 내장과 다리를 떼어내고 씻어 길이 5㎝, 폭 1㎝ 정도로 썰고 바지락은 소금물에 담가 해감하고, 미더덕도 깨끗이 씻어 체에 밭쳐 물기를 뺀다.

3 콩나물은 꼬리를 떼고 씻고, 무는 길이 4㎝, 폭 1.5㎝, 두께 0.3㎝ 정도로 썰고 미나리는 잎은 떼어내고 줄기만 길이 4㎝ 정도로 썰고, 쑥갓도 길이 4㎝ 정도로 썬다.

4 파와 청·홍고추는 깨끗이 다듬어 씻어 어슷하게 썰고, 양파도 다듬어 씻은 다음 폭 1㎝로 채 썬다.

5 냄비에 물 7컵을 붓고 끓으면 다시마를 넣고 불을 끄고 10분 정도 두었다가 다시마를 건져내고 전골국물을 만든다.

6 국수는 끓는 물에 삶아 찬물에 헹구어 사리를 만들고 체에 밭쳐 물기를 뺀다.

7 전골냄비에 콩나물과 무, 양파를 돌려 담고 그 위에 준비한 해물을 고루 올린 다음 다시마 국물을 가장자리로 부어서 끓인다.

8 전골국물이 끓으면 전골 양념장을 넣고 해물이 익으면 소금으로 간을 맞춘 후 미나리, 파, 청·홍고추를 넣고 다시 끓어오르면 쑥갓을 올리고 국수사리를 올려 낸다.

Chef's Tip

• 전골 양념장은 미리 만들어 두고 사용하면 편리하다.

삼겹살을 통으로 삶은 다음 편으로 썰어 지진 후 인삼, 대추, 은행 등의 한방약재와 함께 양념장에 조린 음식이다.

인삼삼겹살찜

• **재료분량** 4인분 기준 • **적정 배식온도** 70~75℃

재료

돼지고기(통삼겹살) 1kg, 물 9컵

향채 : 파 1대, 마늘 5쪽
생강 1쪽

두부 300g
인삼 1뿌리
대추 5알, 은행 10알
호두 6쪽
식용유 1큰술

조림장

간장 6큰술, 물 1컵, 물엿 3큰술
설탕 3큰술, 다진 파 2큰술
다진 마늘 1큰술
다진 생강 ½큰술

만드는 방법

1 돼지고기는 핏물을 제거하고, 향채는 다듬어 씻는다.

2 끓는 물에 돼지고기를 덩어리째 넣고 센 불에서 20분 정도 삶다가 향채를 넣고 20분 정도 더 삶아 건진다.

3 두부는 가로·세로 2cm로 정도로 썬 다음 팬을 달구어 식용유를 두르고, 두부와 삶은 돼지고기를 넣고 앞·뒤로 뒤집어가며 노릇하게 지진다.

4 달구어진 팬에 식용유를 두르고 은행을 넣고 볶아서 껍질을 벗기고, 호두는 따뜻한 물에 불려서 속껍질을 벗긴다. 인삼은 뇌두를 자르고 잘 씻는다.

5 냄비에 조림장을 넣고 끓으면, 돼지고기를 넣고 약불에서 양념을 끼얹어 가면서 조리다가 윤기가 나기 시작하면 지진 두부와 인삼, 대추, 은행, 호두를 한쪽으로 넣고 살짝 조린다.

6 조린 돼지고기는 두께 0.5cm 정도로 썰고, 두부와 인삼, 대추, 은행, 호두를 함께 곁들여 낸다.

Chef's Tip

• 돼지고기를 삶을 때 향채는 처음부터 넣지 않고 돼지고기의 표면이 익은 후에 넣어야 돼지고기 특유의 누린내가 제거된다.
• 돼지고기를 지질 때 물기를 제거하고 기름에 충분히 지져야 색이 잘 발현된다.

돼지갈비 부위를 잘라 기름에 튀긴 후 달콤하고 짭짤한 양념장을 끓이다가 튀긴 돼지갈비를 넣고 버무려낸 음식이다.

돼지갈비강정

• **재료분량** 4인분 기준 • **적정 배식온도** 70~75℃

재료

돼지갈비 600g

양념
소금 ¾작은술, 설탕 1작은술
청주 1큰술, 생강즙 1½큰술
다진 파 1큰술
다진 마늘 1작은술

고구마 2개, 마늘 5개
생강 2쪽, 건고추 2개

전분 ½컵, 식용유 5컵

양념장
간장 3큰술, 설탕 2큰술
물엿 2큰술, 청주 2큰술

참기름 1큰술, 통깨 1큰술

만드는 방법

1 돼지갈비는 기름을 떼어 내고 물에 2시간 정도 담가 핏물을 뺀 다음 끓는 물에 30분 정도 삶아 낸 후 가로·세로 2.5㎝ 정도로 썰어서 양념에 재운다.

2 고구마는 깨끗이 씻어 껍질을 벗기고 돼지갈비와 같은 크기로 썬다.

3 마늘과 생강은 깨끗이 다듬어 씻어 얇게 편으로 썰고, 건고추는 젖은 면포로 닦아서 두께 1㎝로 썬다.

4 양념에 재워둔 돼지갈비에 전분을 넣고 고루 묻힌다.

5 팬에 기름을 넣고 온도가 140℃ 정도가 되면 고구마를 넣어 노릇하게 튀긴다.

6 팬의 기름 온도가 160~170℃ 정도가 되면 전분을 묻힌 돼지갈비를 넣고 튀긴다.

7 팬에 양념장과 편으로 썰어둔 마늘, 생강, 건고추를 넣어 볶다가 향이 나면, 튀겨 놓은 돼지갈비와 고구마를 넣고 재빨리 버무린 다음, 참기름과 통깨를 넣고 고루 섞는다.

Chef's Tip

• 돼지고기의 누린내를 없애기 위해서는 핏물을 뺄 때 물을 자주 갈아 주는 것이 좋다.
• 돼지갈비를 튀길 때 기름의 온도가 낮으면 수분이 빠져 나오지 않아 눅눅하다.
• 고구마 대신 단호박을 넣어주기도 한다.

소고기를 얇게 썰어 갖은 양념으로 미리 재워두었다가 버섯을 넣고 함께 볶은 음식이다.

버섯불고기

· **재료분량** 4인분 기준 · **적정 배식온도** 80℃

재료

소고기(등심) 300g

양념장
간장 2큰술, 배즙 3큰술
설탕 1큰술, 꿀 ½큰술
다진 마늘 1큰술
깨소금 1큰술
후춧가루 ⅛작은술
참기름 1큰술, 소금 1작은술

느타리버섯 150g
파(어슷 썬 것) 30g

만드는 방법

1 소고기는 기름기와 힘줄을 떼어 내고 가로 4㎝, 세로 5㎝, 두께 0.2㎝ 정도로 썰어 핏물을 제거한 후 양념장을 넣고 주물러 30분 정도 재운다.

2 느타리버섯은 밑동을 자르고 깨끗이 씻은 다음 끓는 물에 소금을 넣고 1분 정도 데치고 체에 밭쳐 물기를 빼고 식힌다.

3 데친 느타리버섯은 재운 소고기에 함께 넣고 고루 섞어 버무린다.

4 팬을 달구어 센 불에서 소고기와 느타리버섯, 어슷 썬 파를 넣고 3분 정도 볶다가 중불로 낮추어 국물이 자작해질 때까지 더 볶는다.

Chef's Tip

• 불고기용 소고기는 핏물을 빼고 양념해서 구우면 색이 밝고 누린내가 없어진다.
• 상추나 곁들이 채소를 함께 내면 좋다.

실기편 · 베트남 195

닭을 먹기 좋게 자른 후 떡볶이떡과 여러 가지 채소를 함께 넣고 양념장에 볶은 음식이다.

닭갈비

• **재료분량** 4인분 기준 • **적정 배식온도** 70~80℃

재료

닭(넓적다리살) 300g

양념장
고추장 ½큰술, 고춧가루 1큰술
간장 2작은술, 소금 ½작은술
설탕 1큰술, 청주 2큰술
양파즙 2큰술, 꿀 1큰술
다진 마늘 2작은술
다진 생강 ½작은술
깨소금 ½작은술
후춧가루 ¼작은술
참기름 1큰술

떡볶이떡 100g, 양배추 100g
고구마 ⅔개, 깻잎 40g
양파 ½개, 파 ¼대
청·홍고추 각 1개
식용유 1큰술

만드는 방법

1 닭은 껍질 쪽에 칼집을 넣고 가로 3cm, 세로 4cm 정도로 잘라 양념장을 ⅔가량 넣고 1시간 정도 재워둔다.

2 양배추는 씻어 가로 5cm, 세로 2cm 정도로 썰고, 고구마 껍질을 벗겨 가로 5cm, 세로 1.5cm, 두께 0.5cm 정도로 썰고, 깻잎은 길게 2등분한다.

3 양파는 굵게 채 썰고, 파와 청·홍고추는 어슷 썬다.

4 팬을 달군 뒤 식용유를 두르고 닭고기와 고구마를 넣고 중불에서 볶아 익으면, 떡볶이떡과 양배추, 양파, 청·홍고추와 나머지 양념장을 넣고 4분 정도 볶는다.

5 파와 깻잎을 넣고 잠시 더 볶는다.

Chef's Tip

• 남은 닭갈비에 밥, 김치, 깻잎, 김가루, 참기름을 넣고 볶아 먹어도 된다.
• 양념한 닭고기는 높은 온도에서 익히면 빨리 타버리기 때문에 온도조절을 잘 해야 한다.
• 매운맛을 좋아하면 청양고추나 매운 고춧가루를 넣을 수 있다.

멸치를 볶다가 견과류를 함께 넣고 고소하게 볶은 밑반찬이다.

멸치견과류볶음

· **재료분량** 4인분 기준 · **적정 배식온도** 15~25℃

재료

잔멸치 100g
견과류(잣, 호두, 호박씨
아몬드 슬라이스
해바라기씨 100g

청고추 ½개, 홍고추 ½개

식용유 3큰술, 청주 1큰술
물엿 6큰술
간장 1작은술

통깨 1작은술, 참기름 1큰술

만드는 방법

1 잔멸치는 이물질을 골라내고, 체에 쳐서 잔가루를 털어 낸다.

2 잣은 고깔을 떼어내고 호두는 끓는 물에 살짝 데쳐서 물기를 뺀다.

3 청·홍고추는 다듬어 씻어서 가로·세로 0.2cm 정도로 다진다.

4 팬을 달구어 식용유를 두르고 잔멸치와 청주를 넣고 볶다가 견과류를
넣어 함께 볶는다.

5 물엿과 간장을 넣고 끓으면 볶아 놓은 멸치와 견과류, 청·홍고추을 넣고
볶다가 불을 끄고 통깨와 참기름을 넣고 고루 섞는다.

Chef's Tip

· 호두는 오래 데치면 눅눅해지므로 끓는 물에 넣었다가 곧바로 꺼내어 사
용한다.

떡볶이떡에 어묵과 채소 등을 넣고 떡볶이 양념장을 넣어 볶은 음식이다.

떡볶이

• **재료분량** 4인분 기준 • **적정 배식온도** 70∼75℃

재료

떡볶이떡 500g, 사각어묵 3장
양배추 200g
파 1대, 양파 ⅓개
다시마 국물(물 1ℓ,
다시마 5×5 4장) 800㎖

떡볶이 양념장
고추장 5큰술, 고춧가루 1큰술
설탕 2큰술, 물엿 2큰술
다진 마늘 1큰술
후춧가루 ⅛작은술
삶은 달걀 2개

만드는 방법

1 물에 다시마를 넣고 끓으면 불을 끄고 그대로 20분 정도 두어 다시마 국물을 만든다.

2 어묵은 가로 4㎝, 세로 3㎝ 정도로 썰고, 양배추는 길이 6㎝, 폭 2㎝ 정도로 썰고 양파는 채 썰고 파는 어슷 썬다.

3 다시마 국물에 양념장과 어묵을 넣고 센 불에서 5분 정도 끓이다가 떡과 양배추를 넣고 중불로 낮추어 끓여준다.

4 국물이 자작해지고 떡이 부드러워지면 파와 삶은 달걀을 넣고 한소끔 더 끓인다.

Chef's Tip

• 떡을 미리 넣고 끓이면 풀어지므로 넣는 순서에 유의한다.
• 치즈나 라면사리를 추가해 넣어도 좋다.
• 떡볶이떡 대신에 가래떡을 썰어 사용하기도 한다.

가시를 발라낸 고등어 살을 잘 익은 묵은지로 감싸서 양념장에 조린 음식이다.

고등어김치말이조림

재료

고등어 1마리, 배추김치 ¼포기

양념장
간장 2큰술, 고춧가루 1큰술
설탕 1큰술, 다진 마늘 ⅓큰술
다진 생강 1작은술

물 1½컵
청고추 ½개, 홍고추 ½개
파 ½대

만드는 방법

1 고등어는 깨끗이 씻고, 3장 뜨기를 한 다음 가로 4㎝, 세로 2㎝ 크기로 썬다.

2 김치는 속을 털어 내고 꼭 짜서 한 잎씩 떼어 놓고, 배추김치 잎에 고등 어 살을 하나씩 올려 놓고 돌돌 만다.

3 청·홍고추와 파는 다듬어 씻어서 두께 0.5㎝로 어슷하게 썰고, 청·홍 고추는 씨를 털어 낸다.

4 김치에 말아둔 고등어를 냄비에 담고 양념장을 고루 뿌린 후 물을 붓는다.

5 국물이 자작자작해질 때까지 끓이다가 청·홍고추와 파를 넣고 국물을 끼얹으면서 조린다.

Chef's Tip

- 고등어의 비린내가 심한 경우 조리 전에 미리 생강즙에 재워 두었다가 조리하면 비린내가 제거된다. 생선의 비린내는 특히 껍질 쪽에서 많이 나기 때문에 껍질 부분에 생강즙을 고루 발라준다.
- 익은 배추김치로 만들어야 맛이 있다.

갈빗살을 곱게 다지고 양념하여 치댄 후 갈비뼈 대신 가래떡에 도톰하게 붙여 구운 음식이다.

가래떡갈비구이

• **재료분량** 4인분 기준 · **적정 배식온도** 70~75℃

재료

소고기(우둔) 200g
삼겹살 100g
양파 ½개, 소금 ⅛작은술

양념장
간장 1½큰술, 설탕 1큰술
다진 파 2작은술
다진 마늘 1작은술
깨소금 1큰술, 참기름 1큰술
후춧가루 ⅛작은술

가래떡 ½개, 소금 ½작은술
참기름 2작은술
밀가루 3큰술
식용유 4큰술
은행(볶은 것) 3알

만드는 방법

1 소고기(우둔)와 삼겹살은 힘줄이나 기름기를 떼어내고 살을 곱게 다진다.

2 양파는 씻어 곱게 다져서 소금에 살짝 절여 물기를 짠 다음 팬을 달구어 식용유를 두르고 양파를 넣고 볶아서 그릇에 펼쳐 식힌다.

3 다진 소고기와 삼겹살, 볶은 양파에 양념장을 넣고 고루 섞어 끈기가 나도록 치댄다.

4 가래떡은 길이 6cm로 썰어 길이로 2등분하여 살짝 데쳐 소금과 참기름으로 밑간을 한다.

5 가래떡에 밀가루를 고루 묻히고 고기 반죽을 길이 4cm 정도로 둥글게 붙인다.

6 팬을 달구어 식용유를 두르고 떡갈비 반죽을 얹어 약불에서 앞·뒤로 뒤집어가며 속까지 고루 익힌다.

7 고명으로 은행을 얹어 낸다.

Chef's Tip

• 떡갈비구이는 새송이버섯 또는 갈비뼈에 고기살을 붙여서 굽기도 한다.
• 가래떡이 굳은 경우 끓는 물에 데쳐서 사용하면 좋다.

숙성이 잘된 김치와 양념한 돼지고기를 꼬치에 꿰어 기름에 지진 전의 일종이다.

김치돼지고기적

· **재료분량** 4인분 기준 · **적정 배식온도** 70~75℃

재료

배추김치 300g
설탕 1작은술, 참기름 1큰술

삼겹살 300g

양념
소금 ½작은술, 참기름 ½큰술
다진 마늘 1큰술
후춧가루 ⅛작은술

밀가루 1컵, 달걀 3개
식용유 ½컵, 꼬치 6개

초간장
간장 1큰술, 식초 1큰술
물 1큰술, 설탕 ½작은술

만드는 방법

1 배추김치는 속을 털어내고 꼭 짜서 길이 7cm, 폭 2cm로 자른 다음 김치에 설탕과 참기름을 넣고 고루 무쳐 놓는다.

2 삼겹살은 길이 8cm, 폭 2.5~3cm 정도로 잘라 양념을 넣고 고루 버무려 재운다.

3 꼬치에 김치, 돼지고기, 김치, 돼지고기, 김치 순으로 꽂는다.

4 재료를 꽂은 꼬치에 밀가루를 고루 씌우고 달걀물을 입힌다.

5 팬을 달구어 식용유를 두르고 달걀물을 입힌 꼬치를 놓고 중불에 앞 · 뒤로 뒤집어 가며 고루 익힌다.

6 뜨거울 때 꼬치를 빼고 한김 식으면 먹기 좋은 크기로 잘라 초간장과 함께 낸다.

Chef's Tip

- 김치돼지고기적에 사용하는 돼지고기는 얇게 저민 삼겹살을 사용해야 양념이 빨리 스며들고 김치와 조화를 이루며 쉽게 익힐 수 있다.
- 김치는 잘 발효된 것으로 사용해야 맛이 있다.

갑오징어와 해물, 파를 반죽 위에 듬뿍 올린 후 기름에 지진 음식이다.

갑오징어해물파전

· **재료분량** 4인분 기준 · **적정 배식온도** 70~75℃

재료

갑오징어 1마리(250g)
칵테일새우 70g
조갯살 100g
청주 1큰술
쪽파 150g
청고추 1개
홍고추 2개

반죽

찹쌀가루 ⅓컵, 밀가루 1컵
물 ¾컵, 소금 ¾작은술

달걀 2개, 식용유 ⅓컵

초간장

진간장 1큰술
식초 1큰술
물 1큰술

만드는 방법

1 갑오징어는 뼈는 떼어 내고 껍질을 벗긴 다음 안쪽 면에 칼집을 넣어 길이 4cm, 폭 0.5cm 정도로 썬다.

2 칵테일새우와 조갯살은 소금물에 씻어서 청주를 뿌려 둔다.

3 쪽파는 다듬어 씻어 길이 5cm로 썰고, 청·홍고추는 어슷하게 썬다.

4 달걀은 고루 섞어서 달걀물을 만든다.

5 그릇에 찹쌀가루와 밀가루, 소금, 물을 붓고 고루 섞어 반죽을 만든다.

6 팬을 달구어 식용유를 넉넉히 두르고 중불에서 반죽을 한 국자 떠서 놓고 둥글게 만든 다음 반죽 위에 쪽파를 가지런히 펴서 놓고 준비한 해물과 청·홍고추를 얹은 후, 반죽을 조금 더 떠서 그 위에 고루 펴서 부은 후 달걀물을 끼얹는다.

7 밑면이 익으면 뒤집어서 뚜껑을 덮고 노르스름하게 더 지진다.

Chef's Tip

· 해산물은 계절에 따라 조갯살·홍합·굴 등을 사용해도 좋다.
· 찹쌀가루는 마른 것보다 촉촉한 것이 부드럽고 맛이 좋으며, 기름을 넉넉히 둘러야 색과 맛이 좋다.
· 초간장을 곁들여 낸다.

소고기, 오이, 표고, 당근, 죽순, 도라지, 황 · 백지단을 가늘게 채 썰어 양념하여 볶은 다음 무쌈에 싸먹는 음식이다.

무쌈구절판

재료

소고기(우둔살) 100g
표고버섯(불린 것) 4개

─────

양념장
간장 2큰술, 설탕 1작은술
다진 파 1작은술
다진 마늘 1작은술
참기름 1작은술
깨소금 ¼작은술, 후추 0.1g

무 ⅓개, 소금 2큰술

식초물
식초 1컵, 설탕 4큰술
소금 ¼작은술

오이 1개
당근 ½개, 죽순 1개

─────

도라지 2뿌리
소금 1큰술

달걀 2개

식용유 1작은술

─────

겨자장
연겨자 2큰술, 간장 1큰술
물 2큰술, 식초 1큰술
설탕 ½큰술

만드는 방법

1 소고기는 핏물을 제거하고 길이 5cm, 폭·두께 0.2cm 정도로 썰어서 양념장의 ½분량을 넣고 양념하고 표고버섯은 가늘게 채 썰어 나머지 양념장 ½분량을 넣고 양념한다.

2 무는 두께 0.2cm로 둥글게 잘라 소금에 절였다가 물에 헹군 후 식초물에 15분 정도 담가 무쌈을 만든다.

3 오이는 길이 4cm로 자르고 두께 0.2cm로 돌려 깎아 폭 0.2cm로 채 썰어 소금을 넣고 살짝 절인 다음 물기를 제거한다.

4 당근은 다듬어 씻은 후 길이 4cm로 자르고 폭·두께 0.2cm로 채 썰고 죽순도 같은 크기로 채 썬다. 도라지는 다듬어 씻은 후 길이 4cm로 자르고 폭·두께 0.2cm로 채 썰고 소금을 넣고 살짝 절인 다음 물기를 제거한다.

5 팬을 달구어 소고기와 표고버섯을 각각 넣고 볶은 후 그릇에 펼쳐 식힌다.

6 팬을 달구어 오이와 도라지를 각각 볶고 당근, 죽순은 소금을 넣어 각각 볶는다.

7 달걀은 황·백으로 지단을 부쳐 길이 4cm, 폭 0.2cm로 채 썬다.

8 그릇에 준비한 재료를 보기 좋게 담은 후 무쌈을 얹고 겨자장을 곁들인다.

Chef's Tip

• 무는 바람 든 것은 좋지 않으며, 구절판의 채는 곱게 썰어야 좋다.
• 가운데 무쌈 대신 밀전병을 부쳐서 놓기도 한다.

홍합과 마늘을 조림간장에 넣고 윤기 나게 조려낸 음식이다.

홍합마늘초

· **재료분량** 4인분 기준 · **적정 배식온도** 10~25℃

재료

홍합 살 100g, 통마늘 20개

조림장
간장 3큰술, 청주 2큰술
물 2큰술, 설탕 2큰술
꿀 1작은술

녹말물
녹말 ½큰술, 물 ½큰술
잣가루 1작은술

만드는 방법

1 홍합은 수염을 떼고 소금물에 씻어 체에 밭쳐 물기를 뺀다.

2 마늘은 끓는 물에 넣고 데쳐서 투명해지면 체에 건져 식힌다.

3 끓는 물에 홍합 살을 넣고 데쳐서 익으면 체에 건져 물기를 뺀다.

4 냄비에 조림장을 넣고 끓으면 마늘을 넣고 조리다가 연한 갈색이 나면 데친 홍합 살을 넣고 함께 조린다.

5 국물이 조금 남았을 때, 녹말물을 넣고 국물을 끼얹으며 윤기 나게 조린다.

6 그릇에 담고 중앙에 잣가루를 뿌려낸다.

Chef's Tip

• 홍합 살은 노란색이 암컷으로 더 맛이 있다.

• 조림장에 홍합 살을 넣고 오래 조리면 질겨지므로 윤기 나게 잠시 조린다.

• 홍합초는 마지막 과정에 양념국물을 위로 끼얹으며 조리면 윤기가 더 난다.

숙주와 갖은 채소, 고기를 채 썰어 당면과 함께 잡채 양념장에 버무려 만든 음식이다.

숙주잡채

• **재료분량** 4인분 기준 • **적정 배식온도** 50~65℃

재료

숙주 200g, 느타리버섯 100g
소금 ½작은술, 참기름 2작은술

시금치 50g, 소금 ¼작은술
참기름 ¼작은술

양파 ⅓개
청피망 ½개, 홍피망 ½개
소고기(우둔) 70g

고기 양념장
간장 ½큰술, 설탕 1작은술
참기름 ½작은술
식용유 3큰술

당면 50g

당면 양념장
간장 1큰술, 설탕 ½큰술
참기름 1큰술
다진 마늘 1작은술

잡채 양념장
간장 1큰술, 다진 마늘 1작은술
참기름 1큰술, 설탕 ½큰술
소금 ¼작은술
후춧가루 ⅛작은술

만드는 방법

1 숙주는 머리와 꼬리를 떼고 깨끗이 씻어 물기를 빼고, 느타리버섯은 씻어 굵은 것은 길이로 찢어 놓는다.

2 냄비에 물을 붓고 끓으면 숙주와 느타리버섯을 각각 넣고 데쳐서 물기를 빼고, 소금과 참기름으로 양념한다.

3 냄비에 물을 붓고 끓으면 소금을 넣고 시금치를 넣고 데쳐서 물에 헹구어 물기를 짠 다음 길이 6cm 정도로 잘라 소금과 참기름으로 양념한다.

4 양파는 다듬어 씻어 0.7cm 정도로 채 썰고 청·홍 피망은 길이 5cm, 폭 0.3cm로 채 썬다. 소고기는 핏물을 제거하고 길이 6cm로 결대로 채 썰어 고기 양념장으로 양념한다.

5 팬을 달구어 식용유를 두르고 양파, 느타리버섯, 청·홍피망, 소고기를 각각 순서대로 넣고 볶는다.

6 끓는 물에 당면을 넣고 8분 정도 삶아 체에 밭쳐 물기를 빼고 당면 양념장을 넣어 양념한다.

7 당면과 준비한 재료를 함께 넣어 잡채 양념장을 넣어 고루 버무려 그릇에 담는다.

Chef's Tip

• 숙주는 다른 채소에 비해 빨리 상하기 때문에 냉수에 담가서 냉장 보관하는 것이 좋다.

• 숙주와 시금치는 데쳐서 물기를 너무 꼭 짜지 말고 적당히 짜서 양념해야 촉촉하다.

6

중국

세계인이 좋아하는 한국음식

중국인이 좋아하는 한식

1 돌솥비빔밥 · 2 물냉면 · 3 닭반마리전골 · 4 인삼갈비탕 · 5 감자탕
6 육개장 · 7 돈육김치전골 · 8 안동찜닭 · 9 단호박돼지갈비찜 · 10 장어잡채
11 낙지볶음 · 12 바싹불고기 · 13 소갈비구이(양념갈비) · 14 궁중대하잣즙냉채
15 전복수삼냉채 · 16 더덕샐러드 · 17 오이소박이 · 18 배추김치

돌솥에 밥과 볶은 돼지고기, 갖은 채소로 만든 나물을 올려 약고추장을 넣고 비벼 먹는 음식이다.

돌솥비빔밥

· **재료분량** 4인분 기준 · **적정 배식온도** 65~80℃

재료

멥쌀 2½컵, 물 3컵

애호박 1개
도라지(껍질 벗긴 것) 200g

돼지고기(등심) 120g
불린 고사리 200g

돼지고기 · 고사리 양념장
간장 1큰술, 설탕 ½큰술
다진 파 2작은술, 다진 마늘 1작은술
깨소금 1작은술, 후춧가루 ⅛작은술
참기름 1작은술

달걀 2개, 소금 1작은술
식용유 2큰술

약고추장
고추장 5큰술, 다진 소고기 20g
다진 파 2작은술, 다진 마늘 1작은술
물 5큰술, 설탕 ½큰술
참기름 ½큰술

만드는 방법

1 냄비에 불린 쌀과 물을 붓고 센 불에 올려 끓으면 4분 정도 끓이다가 중불로 낮추어 3분 정도 더 끓이다가 약불에서 10분 정도 뜸을 들인다.

2 애호박은 씻어서 길이 5cm 정도로 잘라 돌려 깎아서, 두께 0.3cm 정도로 채 썰고 소금에 절여 물기를 짠다.

3 도라지는 길이 5cm, 폭 · 두께 0.3cm 정도로 채 썰어 소금을 넣고 주물러서 10분 정도 두었다가 물에 헹구어 물기를 짠다.

4 돼지고기는 핏물을 제거하고 길이 6cm, 폭 · 두께 0.3cm 정도로 채 썰고, 고사리는 다듬어 길이 5cm 정도로 잘라 각각 돼지고기 · 고사리 양념장을 넣고 양념한다.

5 냄비에 약고추장용 다진 소고기와 다진 파, 다진 마늘, 물을 붓고 볶다가 고기가 익으면 고추장과 설탕, 참기름을 넣고 볶아서 약고추장을 만들고 달걀은 황 · 백으로 지단을 부쳐 길이 5cm, 폭 · 두께 0.3cm 정도로 채 썬다.

6 팬을 달구어 식용유를 두르고 도라지, 애호박, 돼지고기, 고사리 순으로 각각 볶아서 그릇에 펼쳐 식힌다.

7 돌솥을 달구어 밥을 넣고 볶은 재료와 황 · 백지단을 색깔 맞추어 올린 후 약고추장을 올린다.

Chef's Tip

• 도라지 대신 콩나물이나 버섯 등을 넣기도 한다.
• 비빔밥은 골동반(骨董飯)이라고도 하는데, '골동'이란 섞는다는 뜻이다.

삶은 냉면국수에 편육, 오이, 배, 무 등의 고명을 얹고 차가운 육수를 부어 만든 음식이다.

물냉면

재료

냉면국수(마른 것) 360g
소고기(양지머리) 300g
물 2.2ℓ (11컵)
향채 : 파 20g, 마늘 20g

오이 ½개, 소금 ¼작은술

무 100g, 소금 ¼작은술
설탕 ½작은술
고운 고춧가루 ½작은술
식초 1큰술

배 ⅕개, 물 ½컵
설탕 1작은술

육수 양념장

청장 ½큰술, 소금 ⅔큰술
설탕 2큰술, 식초 3큰술
발효겨자 ½큰술

삶은 달걀 2개

만드는 방법

1 냄비에 핏물 제거한 소고기와 물을 붓고, 센 불에서 끓으면 중불로 낮추어 1시간 정도 끓이다가, 향채를 넣고 약불로 낮추어 30분 정도 더 끓인다.

2 소고기는 건져 식혀 가로 4㎝, 세로 2㎝, 두께 0.2㎝ 정도로 편육으로 썰고, 육수는 차게 식혀 면포에 걸러서 양념장을 넣는다.

3 오이는 소금으로 비벼 씻어 2등분하여 두께 0.2㎝ 정도로 어슷썰고, 소금물에 절인다.

4 무는 씻어 길이 5㎝, 폭 1.5㎝, 두께 0.2㎝ 정도로 썰고, 소금, 설탕, 고운 고춧가루, 식초를 넣고 절인다. 배는 껍질을 벗기고 두께 0.2㎝ 정도의 반달 모양으로 썰어 설탕물에 담근다.

5 냄비에 물을 붓고, 센 불에 올려 끓으면 냉면국수를 넣고 삶아 익으면 찬물에 비벼 씻어 사리를 만들고, 채반에 올려 물기를 뺀다.

6 그릇에 냉면사리를 담고, 편육, 오이, 배, 무, 삶은 달걀을 얹고 차게 식힌 육수를 붓는다.

Chef's Tip

• 상에 올리기 직전에 살얼음진 육수를 부어 내면 냉면이 차고 시원하다.

닭을 삶아서 살을 바른 후 닭 육수에 닭 살, 다양한 채소, 배추김치를 넣고 끓이면서 먹는 음식이다.

닭반마리전골

재료

닭 ½마리(500g), 물 5컵
향채 : 파 20g, 마늘 15g, 생강 10g

———

닭고기 양념
소금 ½작은술
후춧가루 ⅛작은술

———

양파 1개, 감자 1개
느타리버섯 100g
부추 50g
청고추 1개, 홍고추 1개
파 20g, 애호박 ½개
배추김치 150g

———

전골 양념
다진 마늘 1작은술
다진 파 2작은술
소금 ½작은술, 청장 1큰술

만드는 방법

1 닭고기는 내장과 기름기를 떼어 내고 깨끗이 씻고, 향채는 손질하여 깨끗이 씻는다.

2 냄비에 닭을 넣고 물을 부어 센 불에 20분 정도 끓이다가 향채를 넣고 중불로 낮추어 20분 정도 더 끓인다. 닭고기는 건져서 살을 발라 길이 5㎝, 폭·두께 0.5㎝ 정도로 찢어서 닭고기 양념으로 양념하고, 국물은 식혀서 면포에 걸러 육수를 만든다.

3 양파는 손질하여 씻은 후 폭 0.5㎝ 정도로 채 썰고, 감자는 껍질을 벗기고 씻어서 두께 0.5㎝ 정도로 둥글게 썰고, 느타리버섯은 씻어서 먹기 좋은 크기로 찢어놓는다.

4 부추는 씻은 후 길이 5㎝ 정도로 자른다. 청·홍고추는 길이 2㎝ 정도로 어슷 썰고, 파도 어슷 썬다.

5 애호박은 씻어서 길이로 2등분하여 길이 5㎝, 폭 1.5㎝, 두께 0.5㎝ 정도로 채 썬다.

6 배추김치는 속을 털어내고 꼭 짜서 길이 5㎝, 폭 0.5㎝ 정도로 썬다.

7 전골냄비에 썰어놓은 감자를 깔고, 채소와 김치, 닭고기를 색깔 맞춰 돌려 담고, 육수를 부어 끓으면 전골양념으로 간을 하여 한소끔 더 끓인다.

Chef's Tip

• 닭은 너무 오래 삶으면 살이 부서지므로 적당하게 삶는다.

소갈비를 푹 삶고 여기에 인삼을 함께 넣고 끓여서 고명을 올려 내는 음식이다.

인삼갈비탕

· **재료분량** 4인분 기준 · **적정 배식온도** 65~80℃

재료

소갈비 600g, 물 25컵(5ℓ)
무 200g, 수삼 3뿌리

향채 : 파 40g, 마늘 40g
양파 100g

청장 2큰술
소금 2작은술

달걀 1개
식용유 1작은술

양념
소금 1큰술
후춧가루 ½큰술
파 20g

만드는 방법

1 소갈비는 길이 5㎝ 정도로 잘라, 물에 담가 핏물을 빼고 힘줄과 기름을 떼어 낸다.

2 무는 손질하여 씻어 길이 6㎝ 정도로 자르고, 향채는 손질하여 깨끗이 씻고 수삼은 손질하여 씻은 후 뇌두를 자른다.

3 냄비에 물을 붓고 끓으면 갈비를 넣고 3분 정도 데쳐낸 다음, 다시 갈비와 물을 붓고, 센 불에서 20분 정도 끓이다가 중불로 낮추어 2시간 정도 더 끓이고 무와 인삼, 향채를 넣어, 1시간 정도 기름을 걷어가며 끓인다.

4 익은 무는 건져서 가로 3㎝, 세로 4㎝, 두께 0.5㎝ 정도로 썰고, 육수는 식혀서 기름을 걷어 내고 면포에 걸러 청장과 소금으로 간을 한다.

5 달걀은 황·백지단을 부쳐, 길이 2㎝ 정도의 마름모꼴로 썰고 양념용 파는 폭 0.1㎝ 정도로 송송 썬다.

6 냄비에 갈비와 무를 넣고 육수를 부어 한소끔 끓으면 그릇에 담고 황·백지단을 올려, 양념과 함께 낸다.

Chef's Tip

• 인삼의 양은 기호에 따라 가감한다.
• 송송 썬 파, 후춧가루 등을 함께 낸다.
• 갈비는 핏물을 충분히 빼야 육수가 잡내가 없고 깨끗하다.

돼지 등뼈와 감자, 시래기, 들깨를 넣어 푹 끓인 매운맛의 탕이다.

감자탕

· **재료분량** 4인분 기준　· **적정 배식온도** 65~80℃

재료

양념장
고추장 4큰술, 된장 2큰술
고춧가루 2큰술
다진 파 3큰술
다진 마늘 2큰술
생강즙 2큰술
후춧가루 ½작은술
청주 2큰술

돼지 등뼈 1kg, 물 20컵
된장 1큰술
향채 : 양파 150g, 파 40g
마늘 15g
생강 15g, 월계수잎 1g

감자 2개, 양파 50g, 파 40g
삶은 시래기 400g
깻잎 40g, 쑥갓 40g
들깻가루 2큰술

만드는 방법

1 양념장 재료는 한데 섞어서 하루 정도 숙성시킨다.

2 돼지 등뼈는 물에 담가 4시간 정도 핏물을 빼고, 향채는 손질하여 씻는다.

3 냄비에 물을 붓고 끓으면 된장을 풀어 넣고 돼지 등뼈를 넣어 2시간 정도 삶다가 향채를 넣고 1시간 정도 삶은 다음 건져 놓고 국물은 한김 식혀서 기름을 걷어내고 체에 걸러 육수를 만든다.

4 감자와 양파, 파는 씻은 후, 감자는 2등분하고, 양파는 폭 2cm 정도로 썰고, 파는 길이로 반을 잘라 길이 5cm 정도로 자른다.

5 삶은 시래기는 씻어서 물기를 꼭 짜고 길이 6cm 정도로 잘라 양념장의 ¼양을 넣고 버무려 재운다.

6 깻잎과 쑥갓은 씻은 후 깻잎은 폭 2cm 정도로 자르고, 쑥갓은 길이 6cm 정도로 자른다.

7 냄비에 육수를 붓고 양념장을 풀어 끓으면 돼지 등뼈와 감자, 양파, 삶은 시래기를 넣고 15분 정도 끓이다가 다 익으면 들깻가루를 뿌리고, 파와 깻잎, 쑥갓을 올려 한소끔 더 끓인다.

Chef's Tip

· 돼지 등뼈는 핏물을 충분히 빼야 누린내가 나지 않는다.

소고기와 파, 고사리, 숙주, 토란대 등의 채소를 넣고 얼큰하게 끓인 음식이다.

육개장

재료

육수용
소고기(양지머리) 400g
물 4ℓ(20컵)
향채 : 파 40g, 마늘 40g

소고기 양념장
청장 1큰술, 다진 파 2큰술
다진 마늘 1큰술, 고추기름 2큰술
참기름 ½큰술

숙주 200g, 파 100g, 소금 ½작은술

불린 고사리 100g
불린 토란대 100g

채소 양념장
청장 1큰술, 고춧가루 2큰술
다진 파 2큰술, 다진 마늘 1큰술
참기름 ½큰술

소금 2작은술

만드는 방법

1 냄비에 소고기와 물을 붓고 끓으면 중불에서 1시간 정도 끓이다가, 향채를 넣고 30분 정도 더 끓인다. 소고기는 건져서, 길이 6cm 폭·두께 0.5cm 정도의 결대로 찢어 소고기 양념장을 넣고 양념하고, 육수는 식혀서 면포에 거른다.

2 숙주는 꼬리를 떼어 내고 씻고, 파는 길이로 2등분하여 길이 5cm 정도로 썬다. 불린 고사리와 토란대는 길이 6cm 정도로 썰고, 토란대는 폭 0.5cm 정도로 찢는다.

3 냄비에 물을 붓고 끓으면 소금을 넣고, 숙주는 2분 정도 데치고, 파는 1분 정도 데친다.

4 숙주와 파, 불린 고사리, 불린 토란대를 한데 섞어 채소 양념장을 넣고 양념한다.

5 냄비에 육수를 붓고 끓으면 양념한 소고기와 채소를 모두 넣고 중불에서 40분 정도 더 끓이다가 소금으로 간을 맞추고 한소끔 더 끓인다.

Chef's Tip

• 양지머리 대신 닭고기를 넣어 닭개장을 만들기도 한다.
• 토란대는 아린 맛이 있으므로 삶아서 물에 담가 충분히 우려낸 후 사용하는 것이 좋다.

잘 익은 김치에 돼지고기를 말아 넣고 푹 끓인 한국의 대표적인 음식이다.

돈육김치전골

· **재료분량** 4인분 기준 · **적정 배식온도** 65~80℃

재료

배추김치 400g
돼지고기(삼겹살) 150g

양념장
청장 1작은술, 다진 파 1작은술
다진 마늘 1작은술
생강즙 ⅓큰술
청주 1큰술, 후춧가루 ⅛작은술

실파 20g
청고추 1개
홍고추 1개
파 20g

전골국물
물 7컵, 무 200g, 양파 150g
다시마 10g

만드는 방법

1 배추김치는 뿌리 쪽을 잘라내고 꼭 짜서 속을 털어낸다.

2 돼지고기는 핏물을 제거하고 가로 3㎝, 세로 2㎝, 두께 1㎝ 정도로 썬 다음 양념장에 재운다.

3 냄비에 전골국물 재료를 넣고 중불에서 30분 정도 끓여서 걸러 전골국물을 만든다.

4 실파는 끓는 물에 10초간 데친다.

5 파는 어슷 썰고 청 · 홍고추도 어슷 썰어 씨를 털어낸다.

6 김치의 잎을 펴서 양념한 돼지고기를 넣고 돌돌 만 후 데친 실파로 묶는다.

7 전골냄비에 말아놓은 김치를 돌려 담고 남은 고기를 가운데 담고 전골국물을 부어 센 불에서 끓으면 중불에서 50분 정도 끓인다.

8 어슷 썬 파와 청고추, 홍고추를 넣고 소금으로 간을 맞춘 후 한소끔 더 끓인다.

Chef's Tip

- 김치는 잘 익은 것이 맛이 좋다.
- 김치는 속을 털어내고 사용하여야 전골이 깔끔하다.
- 먹고 난 양념국물에 밥을 볶거나 삶은 면을 넣어 먹어도 좋다.
- 김치는 잘 익은 것이 맛이 좋다.

닭에 갖은 양념을 하고 감자, 양파, 당근 등의 채소와 당면을 넣어 푸짐하고 매콤하게 만든 찜 요리이다.

안동찜닭

• **재료분량** 4인분 기준 • **적정 배식온도** 70~75℃

재료

닭 1마리(800g), 생강즙 1큰술
청주 2큰술
당면 100g
양파 ½개
양배추 100g
감자 1개, 당근 ½개
표고버섯(불린 것) 2장
청고추 1개
홍고추 1개
파 30g

─────────

양념장
간장 ½컵, 물엿 ½컵
설탕 1큰술, 마른 홍고추 6개
마늘 30g, 생강 15g
통후추 1작은술, 물 2컵

통깨 1작은술, 참기름 1큰술

만드는 방법

1 닭은 내장과 기름기를 떼어 내고 가로·세로 5cm 정도로 토막 내어 깨끗이 씻은 다음 끓는 물에 닭을 넣고 3분 정도 데쳐서 체에 밭쳐 물기를 빼고 생강즙과 청주에 재운다.

2 당면은 물에 담가서 1시간 정도 불린다.

3 양파와 양배추는 씻은 후 길이 5cm, 폭 2cm 정도로 썰고, 감자와 당근은 가로·세로 4cm 정도로 썰어서 모서리를 둥글게 다듬는다.

4 표고버섯은 기둥을 떼고 4등분하고, 홍고추는 어슷 썰고, 파는 길이 5cm 정도로 잘라 폭 1cm 정도로 썬다.

5 양념장용 마른 홍고추는 어슷 썰고, 마늘과 생강은 저며 썬다.

6 냄비에 양념장 재료를 넣고 끓으면, 중불에서 양념장이 ⅔양으로 줄어들 때까지 끓여 체에 거른다.

7 팬에 닭고기와 표고버섯, 감자, 당근과 양념장을 넣고 센 불에 끓여서 닭고기와 감자가 익으면 양파와 양배추, 파, 홍고추, 당면을 넣고 뚜껑을 덮어 중불에서 5분 정도 더 끓이고, 통깨와 참기름을 넣어 고루 섞는다.

Chef's Tip

• 닭은 우유에 재우거나 생강즙, 청주, 양파즙 등에 재우면 닭비린내가 덜하고 맛이 좋아진다.
• 안동지방에서 특별한 날 먹던 음식으로 닭의 단백질과 채소의 영양소가 어우러진 영양학적으로 좋은 음식이다.

돼지갈비에 단호박을 넣고 양념하여 찐 음식으로, 호박이 돼지고기의 찬 성질을 중화시키는 조화로운 음식이다.

단호박돼지갈비찜

재료

단호박 ¼통
돼지갈비 600g
양파 1개, 밤 6개, 대추 6개
당근 ½개

___

양념장
간장 3큰술, 설탕 3큰술
물엿 2큰술, 배즙 5큰술
사과즙 2큰술, 다진 파 4큰술
다진 마늘 3큰술, 생강즙 2큰술
깨소금 2큰술
후춧가루 ⅛작은술
참기름 1큰술, 청주 4큰술

물 2컵(400㎖)
참기름 1큰술

만드는 방법

1 돼지갈비는 길이 5㎝ 정도로 잘라 기름기와 힘줄을 떼어 내고 잔 칼집을 넣어 찬물에 담가 핏물을 뺀다.

2 단호박은 씻은 후 속을 파 내고 길이 4㎝, 폭 3㎝ 정도로 썰어 모서리를 둥글게 다듬는다.

3 양파는 씻은 후 가로·세로 3㎝ 크기로 썰고, 밤은 껍질을 벗기고, 대추는 살만 돌려 깎아 돌돌 말아 놓는다. 당근은 양파와 같은 크기로 잘라 모서리를 둥글게 다듬는다.

4 돼지갈비는 끓는 물에 넣고 3분 정도 데쳐낸 후 양념장의 ½양을 넣고 재운다.

5 냄비에 갈비를 넣고 물을 잠길 정도로 부어 센 불에 올려 끓으면 중불로 낮추어 갈비가 반쯤 익을 정도로 끓이다가 나머지 양념장 ½양과 단호박, 양파, 당근, 밤, 대추를 넣고 조린다.

6 국물이 거의 조려지면 참기름을 넣고 고루 섞은 후 불을 끈다.

Chef's Tip

· 갈비찜을 할 때는 중불에서 서서히 익혀야 맛이 잘 우러나오고 부드럽다.
· 단호박 대신 늙은 호박을 사용해도 된다.

양념구이한 장어와 여러 가지 채소를 넣고 볶은 음식이다.

장어잡채

재료

구운 양념 장어 ½마리
양파 100g, 쪽파 5뿌리
청고추 2개, 홍고추 2개
식용유 2큰술
마늘 5g, 생강 5g
우엉 100g, 표고버섯 3장
식용유 1큰술

우엉 · 버섯 양념장
간장 1작은술
참기름 1작은술

양념
소금 ¼작은술, 설탕 ½작은술
통깨 1작은술, 참기름 2작은술
후춧가루 ⅛작은술

만드는 방법

1 구운 양념 장어는 길이 6㎝, 폭 0.5㎝ 정도로 자른다.

2 양파와 쪽파는 다듬어 씻고 양파는 폭 0.5㎝ 정도로 채 썰고, 쪽파는 길이 6㎝ 정도로 자른다.

3 청 · 홍고추는 길이로 반을 잘라 씨와 속을 떼어 내고 길이 6㎝, 폭 0.3㎝ 정도로 채 썰고, 마늘과 생강도 씻어서 폭 · 두께 0.1㎝ 정도로 채 썬다.

4 우엉은 껍질을 벗기고 씻어서 길이 6㎝, 두께 0.3㎝ 정도로 물에 담가 놓는다. 표고버섯은 물에 불려 기둥을 떼고 정도로 채 썬다.

5 팬을 달구어 식용유를 두르고 양파와 쪽파, 청 · 홍고추를 각각 넣고 살짝 볶아 식힌다.

6 팬을 달구어 식용유를 두르고 우엉을 넣고 볶다가 간장을 넣고 우엉이 거의 익으면 표고버섯과 참기름을 넣고 볶아서 식힌다.

7 장어와 볶은 채소를 한데 넣고 섞은 후 양념을 넣어 버무리고, 그릇에 담아 마늘과 생강채를 올린다.

Chef's Tip

· 우엉은 갈변되므로 식촛물에 담가두면 변색을 방지할 수 있다.
· 볶은 채소는 그릇에 펼쳐서 빨리 식혀야 색이 곱고 수분이 생기지 않는다.

낙지에 갖은 채소를 넣고 양념하여 볶은 음식이다.

낙지볶음

· **재료분량** 4인분 기준 · **적정 배식온도** 65~70℃

재료

낙지 2마리(450g), 소금 1큰술
밀가루 2큰술
양파 ½개
청고추 2개
식용유 1큰술
홍고추 1개

양념장
간장 1작은술, 고추장 1큰술
고춧가루 2큰술, 설탕 1작은술
다진 파 1큰술, 다진 마늘 ½큰술
다진 생강 ½작은술
통깨 1작은술, 흰후춧가루 ⅛작은술
참기름 2작은술

참기름 1작은술

만드는 방법

1 낙지는 머리를 뒤집어서 내장과 눈을 떼어 내고, 소금과 밀가루를 넣고 주물러 깨끗이 씻은 후 길이 5cm 정도로 자른다.

2 양파는 다듬어 씻은 후 폭 1cm 정도로 썰고, 청 · 홍고추는 씻어서 길이 2cm, 폭 0.3cm 정도로 어슷 썬다.

3 양념장 재료를 한데 넣고 섞어서 양념장을 만든다.

4 팬을 달구어 식용유를 두르고 양파와 낙지를 넣고 볶다가 양념장을 넣고 볶는다.

5 낙지가 거의 익으면 청 · 홍고추와 참기름을 넣고 센 불에서 20초 정도 볶는다.

Chef's Tip

• 낙지를 볶을 때 센 불에서 빨리 볶아야 물이 생기지 않는다.
• 낙지볶음 양념장은 매운 고춧가루를 넣어 매콤하게 만들기도 한다.
• 낙지를 미리 살짝 데쳐서 볶기도 한다.
• 古書의 기록에 의하면 영양부족으로 걷지 못하는 소에게 낙지를 먹이면 거뜬히 일어난다고 한다.

소고기를 양념장에 재웠다가 국물 없이 달콤하고, 짭조름하게 바싹 구워낸 음식이다.

바싹불고기

• **재료분량** 4인분 기준 • **적정 배식온도** 80℃

재료

소고기(등심) 300g

양념장
진간장 1큰술, 설탕 1작은술
꿀 1큰술, 다진 파 1큰술
다진 마늘 ½큰술
참기름 1큰술, 청주 1작은술
후춧가루 ¼작은술

양파 ½개, 참나물 50g
식용유 ½큰술

설탕 2큰술, 식용유 ½큰술

통깨 1작은술

만드는 방법

1 소고기는 핏물을 제거한 뒤 양념에 버무려 10분 정도 재워두고, 참나물은 씻어서 줄기를 제거하고, 양파는 채 썰어둔다.

2 팬에 식용유를 두르고 양파를 볶아 거의 익으면 참나물을 넣어 살짝 볶아둔다.

3 팬에 식용유를 두르고 설탕을 넣어 설탕이 모두 녹아 갈색을 띠면 재운 소고기를 넣고 수분 없이 바싹하게 굽는다.

4 접시에 구운 소고기와 볶은 양파, 참나물을 담고 통깨를 뿌린다.

Chef's Tip

• 토치를 이용하면 불맛과 바싹함이 더해진 직화 불고기가 된다.
• 소고기를 해동할 때는 보관통에 넣어 공기를 차단하고 냉장실에서 서서히 녹인다.
• 소고기를 볶을 때는 물이 생기지 않도록 센 불에서 빠르게 볶아낸다.
• 짭조름하고 달착지근해서 밥에 얹어 덮밥으로 먹어도 좋고, 샌드위치나 햄버거 안에 넣어 먹어도 맛이 있다.

소갈비에 간장과 갖은 양념을 하여 석쇠에 구운 음식이다.

소갈비구이(양념갈비)

· **재료분량** 4인분 기준 · **적정 배식온도** 70~75℃

재료

소갈비(뼈 포함) 4대(660g)

양념
배 ¼개, 키위 ½개, 청주 1큰술

갈비 양념장
간장 3큰술, 설탕 1큰술
양파즙 3큰술, 꿀 1큰술
다진 파 1큰술, 다진 마늘 ½큰술
후춧가루 ⅛작은술
깨소금 ½큰술, 참기름 1큰술

식용유 4g, 잣가루 1큰술

만드는 방법

1 소갈비는 길이 6~7㎝ 정도로 잘라 기름기와 힘줄을 떼어 내고, 찬물에 담가 핏물을 뺀 다음 갈비는 뼈와 살이 떨어지지 않도록 두께 0.5㎝ 정도로 포를 떠서 앞·뒷면에 잔 칼집을 넣는다.

2 양념용 배와 키위는 강판에 갈아서 즙만 짜고 청주를 넣어 양념을 만들고, 갈비 양념장 재료를 한데 섞어 갈비 양념장을 만든다.

3 갈비에 양념을 넣고 10분 정도 재운 후 양념장을 넣고 고루 주물러 1시간 정도 재운다.

4 석쇠를 달구어 식용유를 바르고 갈비를 얹어 양념장을 발라가며 앞·뒤로 타지 않게 굽는다.

5 그릇에 담고 잣가루를 뿌린다.

Chef's Tip

• 양념갈비는 구워서 먹기 좋게 잘라 그릇에 담아내기도 한다.
• 양념갈비는 양념장에 오래 재워두었다가 구우면 고기가 질겨진다.
• 석쇠는 높이 올려 양념이 타지 않도록 굽는다.

대하와 오이, 배, 죽순을 넣고 고소한 잣즙(소스)으로 버무린 부드러운 냉채음식이다.

궁중대하잣즙냉채

· **재료분량** 4인분 기준 · **적정 배식온도** 4~10℃

재료

새우(중) 5마리

새우양념
청주 1큰술, 소금 ½작은술
후춧가루 ¼작은술

죽순(통조림) 50g, 배 50g
설탕 1큰술
오이 ⅓개, 소금 ¼작은술

잣즙
잣 4½큰술, 소금 1작은술
설탕 2큰술, 배즙 4큰술
식초 5큰술

검은깨 1작은술, 잣 1작은술

만드는 방법

1 새우는 등쪽의 내장을 빼내고 깨끗이 씻어 끓는 물에 삶아서 껍질을 벗기고 길이로 저며 썰어 새우양념을 넣고 양념한다.

2 죽순은 길이 4cm, 두께 0.3cm 정도로 빗살 모양을 살려 썰고 배는 껍질을 벗기고 가로 2cm, 세로 4cm, 두께 0.3cm 정도로 썰어 설탕물에 담가 놓는다.

3 오이는 씻은 후 길이로 2등분하여 길이 4cm, 두께 0.3cm 정도로 어슷하게 썰고, 소금을 넣어 살짝 절인 후 물기를 제거한다.

4 잣즙용 잣은 고깔을 떼고 면포로 닦은 후 한지 위에 잣을 놓고, 다시 한지를 덮은 다음 밀대로 밀어 기름을 빼고, 칼날로 곱게 다진다. 배는 강판에 갈아서 배즙을 만든 후 잣즙용 재료를 한데 넣고 섞어서 잣즙을 만든다.

5 새우와 죽순, 배, 오이에 잣즙을 넣고 살살 무쳐 그릇에 담고 검은깨와 잣을 뿌려 낸다.

Chef's Tip

· 상에 내기 직전에 잣즙을 넣고 무쳐야 채소에 물이 생기지 않는다.
· 냉채는 재료를 차게 해서 무쳐야 맛이 좋다.

데친 전복과 수삼을 썰어 잣소스에 버무려 먹는 보양냉채이다.

전복수삼냉채

· **재료분량** 4인분 기준 · **적정 배식온도** 4~10℃

재료

전복 4개(800g), 수삼 30g

오이 ½개, 소금 ⅛작은술
설탕 ½큰술, 식초 ½큰술
밤 2개, 대추 2개

잣소스
잣 ½컵, 매실청 1큰술
연유 1큰술, 꿀 1큰술
식초 1큰술, 물 ½컵
소금 ¼작은술

만드는 방법

1 전복은 껍데기째 솔로 깨끗이 씻어 살을 떼어낸다.

2 오이는 길이로 반을 잘라 길이 4㎝, 두께 0.2㎝ 정도로 어슷 썰어 소금과 설탕, 식초를 넣고 살짝 절인다.

3 밤은 껍질을 벗겨 두께 0.2㎝ 정도로 저며 썰고, 대추는 닦아서 살만 돌려 깎고 폭 0.2㎝ 정도로 채 썬다. 수삼은 잔뿌리를 떼어 내고 뇌두를 잘라 길이 3㎝, 두께 0.2㎝ 정도로 어슷 썬다.

4 잣소스 재료를 믹서에 넣고 갈아서 잣소스를 만든다.

5 냄비에 물을 붓고 끓으면 손질해 놓은 전복을 넣고 데쳐서 두께 0.5㎝ 정도로 저며 썬다.

6 전복 껍데기에 전복 살과 수삼, 오이, 밤을 담고 잣소스를 뿌린 후 채 썬 대추로 장식한다.

Chef's Tip

- 전복을 오래 익히면 질겨지므로 적당하게 익힌다.
- 잣 대신 호두나 땅콩을 넣고 소스를 만들기도 한다.

더덕을 잘게 찢어 잣과 배를 갈아서 버무린 고소하고 담백한 음식이다.

더덕샐러드

재료

더덕 400g, 물 5컵
소금 ½큰술

소스

배 ½개, 잣 ½컵
소금 ¼작은술, 설탕 1큰술
식초 1큰술

검은깨 1½작은술

만드는 방법

1 더덕은 깨끗이 씻어 껍질을 벗기고 두께 0.5cm 정도로 저며 썰어 소금물에 20분 정도 담가 쓴맛을 빼고 물기를 닦은 후, 밀대로 밀고 폭·두께 0.3cm 정도로 찢는다.

2 소스용 배는 껍질을 벗기고 잣은 고깔을 뗀다.

3 믹서에 배와 잣을 함께 넣고 갈고 소금과 설탕, 식초를 넣어 샐러드 소스를 만든다.

4 더덕에 소스를 넣고 버무린 후 그릇에 담아 검은 깨를 뿌린다.

Chef's Tip

• 샐러드는 먹기 직전에 소스를 넣고 무쳐야 물이 생기지 않는다.

• 더덕은 밀대로 밀 때 부서지기 쉬우므로 충분히 소금물에 절여 물기를 제거한 후 밀대로 민다.

• 식초는 금방 신맛이 휘발되므로 먹기 직전에 소스를 만든다.

• 더덕은 사삼(沙蔘)이라 하여 한방에서는 강장제로 쓰며, 보음, 폐혈로 인한 기침과 거담 등에 처방된다.

부추를 넣고 양념한 소를 채워 넣은 김치이다. 오이는 아삭하게 씹히는 맛이 특징이다.

오이소박이

• **재료분량** 4인분 기준 • **적정 배식온도** 4~10℃

재료

오이(취청오이) 2개, 물 2컵
굵은소금 1½큰술

부추 50g

양념
소금 1작은술, 까나리액젓 1큰술
고춧가루 2큰술
다진 파 2큰술, 다진 마늘 1큰술
다진 생강 1작은술

김칫국물
물 3큰술, 소금 ¼작은술

만드는 방법

1 오이는 소금으로 비벼서 씻고 길이 6㎝ 정도로 잘라, 양 끝을 1㎝ 정도 남기고, 길이로 3~4군데 칼집을 넣어 굵은소금물에 2시간 정도 절여 물기를 제거한다.

2 부추는 손질하여 씻은 후 폭 0.5㎝ 정도로 송송 썰어서 양념 재료를 한데 넣고 섞어서 오이소박이 소를 만든다.

3 오이의 칼집 속에 양념을 채워 넣는다.

4 오이를 항아리에 담고, 양념을 버무린 그릇에 물과 소금을 넣어 김칫국 물을 만들고 항아리에 붓는다.

Chef's Tip

• 소박이용 오이는 곧고 어린 것이 좋다.
• 오이가 충분히 절여져야 소를 채울 때 잘 들어간다.
• 소를 넣을 때 젓가락을 사용하면 편리하다.

절인 배추에 무와 채소, 젓갈, 고춧가루 등 갖은 양념을 넣고 버무려 발효시킨 음식이다.

배추김치

· **재료분량** 4인분 기준 · **적정 배식온도** 4~10℃

재료

배추 2통, 물 20컵
굵은소금 4⅓컵
무 1개(1kg), 미나리 100g
쪽파 200g, 갓 200g
굴 1컵

김치양념
고춧가루 1⅓컵, 멸치액젓 ½컵
새우젓 100g, 설탕 1큰술
파 200g, 다진 마늘 5큰술
다진 생강 3큰술

김칫국물
물 ½컵, 소금 ½작은술

만드는 방법

1 배추는 다듬어서 길이로 반을 잘라 굵은소금의 ½양은 배추 줄기 사이에 켜켜이 뿌리고, 나머지 굵은소금의 ½양은 물에 넣고 섞어서 소금물을 만들어 배추를 넣고 뒤집어가며 8시간 정도 절인다. 절인 배추는 물에 깨끗이 씻어 건져서 1시간 정도 물기를 뺀다.

2 무는 길이 5cm, 폭·두께 0.3cm 정도로 채 썰고 미나리는 잎을 떼어 내고 미나리 줄기, 쪽파, 갓은 길이 4cm 정도로 자른다.

3 굴은 소금물에 씻어서 체에 밭쳐 물기를 뺀다.

4 김치 양념용 새우젓 건더기는 잘게 다지고, 새우젓 국물과 멸치액젓에 고춧가루를 넣어 10분 정도 불린다. 파는 손질하여 깨끗이 씻어 길이 2cm, 두께 0.3cm 정도로 어슷 썰어 나머지 양념 재료를 넣고 섞어서 김치 양념을 만든다.

5 무채에 김치 양념을 넣고 버무려 색을 들인 후 미나리와 쪽파, 갓, 굴을 넣고 가볍게 버무려 김칫소를 만든다.

6 물기를 뺀 배추 사이사이에 버무려 놓은 김칫소를 켜켜이 넣고, 배추 겉잎으로 돌려 감아 항아리에 담은 다음 김치를 버무린 그릇에 물과 소금을 넣고 섞어서 김칫국물을 만들어 항아리에 붓는다.

Chef's Tip

• 배추김치는 4~5℃에서 숙성 발효시키는 것이 맛과 영양이 가장 좋다.
• 굴이 들어간 김치는 오래 두고 먹지 않는다.

찾아보기

저자와의
합의하에
인지첩부
생략

세계인이 좋아하는 한식

한식 세계를 담다

2022년 4월 10일 초판 1쇄 인쇄
2022년 4월 15일 초판 1쇄 발행

저자 윤숙자·이순옥·최은희
펴낸이 진욱상
펴낸곳 (주)백산출판사
교 정 박시내
본문디자인 오정은
표지디자인 오정은

등 록 2017년 5월 29일 제406-2017-000058호
주 소 경기도 파주시 회동길 370(백산빌딩 3층)
전 화 02-914-1621(代)
팩 스 031-955-9911
이메일 edit@ibaeksan.kr
홈페이지 www.ibaeksan.kr

ISBN 979-11-6567-514-1 13590
값 27,000원